全国水情年报

2016

水利部水文局　编著

U0271257

中国水利水电出版社
www.waterpub.com.cn
·北京·

内 容 提 要

本书介绍了2016年全国降水、台风、洪水、干旱、江河泾流量、水库蓄水、冰情及主要雨水情过程，并对各流域（片）洪水进行分述。

本书内容全面，数据翔实准确，适合于社会经济、防汛抗旱、水资源管理、水文气象、农田水利、环境评价等领域的技术人员和政府决策人员阅读与参考。

图书在版编目（CIP）数据

全国水情年报. 2016 / 水利部水文局编著. -- 北京：中国水利水电出版社，2017.7
ISBN 978-7-5170-5742-0

Ⅰ. ①全… Ⅱ. ①水… Ⅲ. ①水情—中国—2016—年报 Ⅳ. ①P337.2-54

中国版本图书馆CIP数据核字(2017)第186240号

审图号：GS（2017）第 1665 号

书　　　名	全国水情年报 2016 QUANGUO SHUIQING NIANBAO 2016
作　　　者	水利部水文局 编著
出 版 发 行	中国水利水电出版社 （北京市海淀区玉渊潭南路1号D座　100038） 网址：www.waterpub.com.cn E-mail：sales@waterpub.com.cn 电话：(010) 68367658（营销中心）
经　　　售	北京科水图书销售中心 (零售) 电话：(010) 88383994、63202643、68545874 全国各地新华书店和相关出版物销售网点
排　　　版	中国水利水电出版社装帧出版部
印　　　刷	北京博图彩色印刷有限公司
规　　　格	210mm×285mm　16开本　4.75印张　98千字
版　　　次	2017年7月第1版　2017年7月第1次印刷
印　　　数	0001—1000 册
定　　　价	56.00元

《全国水情年报 2016》编写组

主　　　编　　刘志雨

副　主　编　　李　磊　　朱春子　　王金星　　周国良

主要编写人员　（按姓氏笔画排序）

王　琳　　王　容　　尹志杰　　卢洪健

孙春鹏　　孙　龙　　朱　冰　　李　岩

陈树娥　　赵兰兰　　张麓瑀　　侯爱中

胡智丹　　高唯清　　唐俊龙　　戚建国

黄昌兴

目录

第 1 章　概述

2016 年，受超强厄尔尼诺事件和拉尼娜现象先后影响，我国入汛时间早、强降水过程多，洪水范围广、量级大，强台风登陆多、影响重，全国遭遇了 1998 年以来最大洪水。

全国降水明显偏多，暴雨过程多强度大。全国平均年降水量 730 mm，较常年偏多 16%，为 1951 年以来最多。长江中下游、太湖流域的梅雨量分别较常年偏多 80%、70%，海河流域 7 月 18—21 日出现了 1996 年以来范围最广、强度最大的流域性暴雨过程，大于 100 mm 降水笼罩面积占流域总面积的 70%。全国共出现了 45 次强降水过程，86 个县（市）最大日降水量突破历史极值。

台风生成时间集中，登陆比例高影响重。西北太平洋和南海共生成台风 26 个，与常年基本持平，生成时间主要集中在 7—10 月。有 8 个台风登陆我国，较常年偏多 1 个，登陆地点集中在福建、广东、海南、台湾省，其中有 6 个登陆时为 14 级以上强台风，比例高达 75%，与 2005 年并列历史最高；另有 4 个台风严重影响我国；多次出现双台风或三台风交互作用、狂风巨浪高潮暴雨"四碰头"的不利局面。台风影响持续时间、风雨覆盖范围及破坏程度均为近年来罕见。

我国入汛时间偏早，超警河流多范围广。我国于 3 月 21 日入汛，较常年（4 月 1 日）偏早 11 天。全国共有 473 条河流超警，117 条河流超保，51 条河流超历史，涉及 29 个省（自治区、直辖市）。长江、太湖、淮河、西江等大江大河大湖，福建闽江、江西信江、湖南湘江、广东北江、广西柳江、重庆乌江等 40 条主要江河，新疆塔里木河、甘肃黑河等西北内陆河以及黑龙江乌苏里江、吉林图们江等东北界河均发生了较大洪水。超警河流数量之多、覆盖范围之广均为 1998 年以来之最。

大江大湖洪水齐发，洪峰水位高量级大。我国七大流域均发生了不同程度的洪水。其中，长江发生 2 次编号洪水，中下游干流监利以下江段及洞庭湖、鄱阳湖全面超警，湖北、安徽有 10 个湖泊最高水位超过或接近历史实测纪录；太湖发生 1954 年有记录以来历史第二高水位的流域性特大洪水；海河流域南系发生了 1996 年以来最大洪水；淮河和珠江流域西江发生超警洪水；黄河中游发生了两次接近警戒流量的洪水；辽河上游东辽河发生了超 20 年一遇的大洪水。

来水蓄水多于常年，水文干旱轻于常年。2016 年，全国主要江河年径流量接近常年略偏多，空间上呈"南多北少"态势。长江下游偏多 1 成，西江接近常年略偏多；松花江偏少 3 成，辽河偏少 2 成，黄河偏少 3~5 成。2016 年末，全国水库蓄水总量较常年偏多 1 成，海南、广东、浙江、福建、江西、安徽等地水库蓄水偏多 2~8 成。

春季全开时间偏早，冬季首封时间提前。3—5 月，黄河内蒙古河段、松花江干流、黑龙江干流等封冻河流陆续开江，全线开江日期较常年偏早 2~16 天。11—12 月，黑龙江、松花江、黄河内蒙古河段等干流河段相继封冻，首封日期较常年提前 3~15 天。

第 2 章　雨水情概况

2.1　降水

2.1.1　全国平均年降水量历史最多

2016 年，全国平均年降水量为 730mm，较常年（627mm）偏多 16%，较 2015 年（645 mm）偏多 13%，较 1998 年（713mm）偏多 2%，为 1951 年以来最多，见图 2.1。

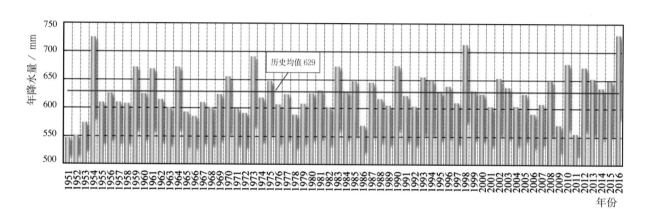

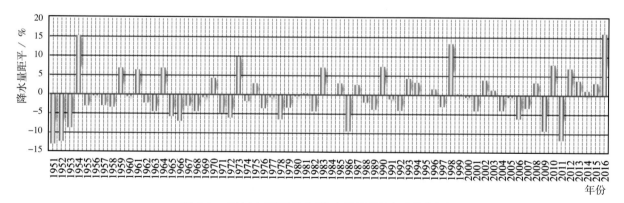

图 2.1　历年全国平均年降水量及距平百分率图

2.1.2　空间分布南北多中间少

降水空间分布总体呈现南方和北方偏多、中部偏少的特征。东北中南部、华北、西北大部、黄淮中部、江淮、江南、华南大部、西南中部偏多 1~4 成，东北北部、西北南部部分地区、西南北部和东南部以及山东半岛偏少 1~3 成，见图 2.2 和图 2.3。

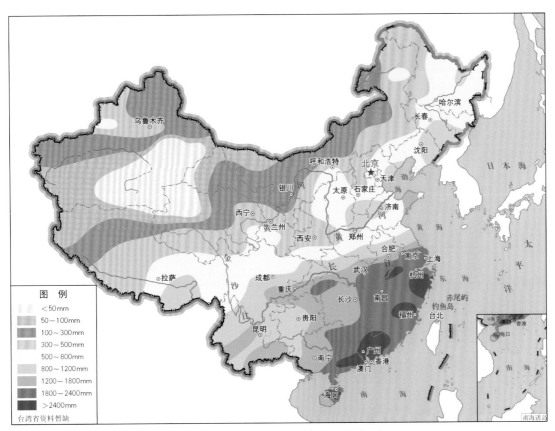

图 2.2　2016 年全国年降水量分布图

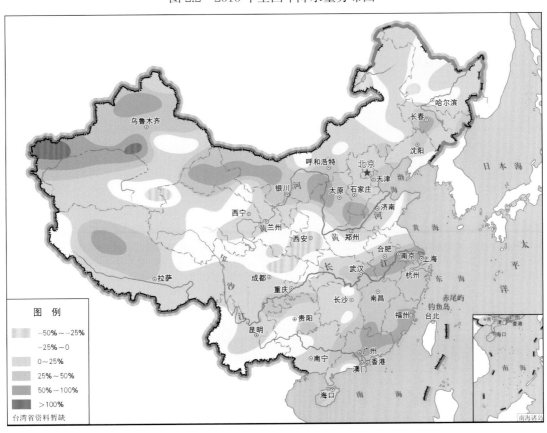

图 2.3　2016 年全国年降水量距平百分率图

2.1.3 大部分月份降水偏多

全年有 4 个月（2月、3月、8月、12月）降水偏少，其余 8 个月降水均偏多，其中 1 月偏多 8 成，列 1961 年以来第 1 位，4—7 月连续 4 个月偏多，9—11 月又连续 3 个月偏多，见图 2.4。

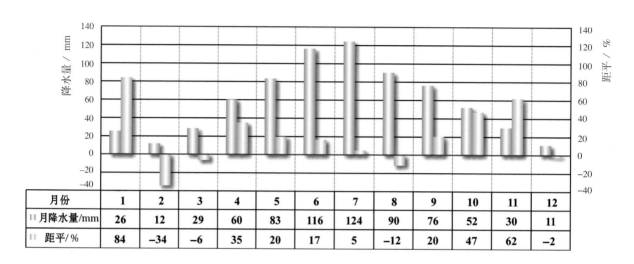

月份	1	2	3	4	5	6	7	8	9	10	11	12
月降水量/mm	26	12	29	60	83	116	124	90	76	52	30	11
距平/%	84	−34	−6	35	20	17	5	−12	20	47	62	−2

图 2.4　2016 年全国逐月降水量及距平百分率图

2.1.4 暴雨过程多、局地强度大

2016 年共出现 45 次强降水过程，较 2015 年（38 次）明显偏多。6 月 30 日至 7 月 6 日南方出现年内最强降水过程，武汉市 7 天累积面降水量高达 607 mm，相当于当地多年平均年降水量的 46%；7 月 18—21 日海河流域出现 1996 年以来范围最广、强度最大的流域性暴雨过程，大于 100 mm 降水笼罩面积占流域总面积的 70%。2016 年，最大日降水量为湖北荆门罗家集站 681 mm（7 月 19 日），过程最大点降水量为海南昌江七叉镇 1412 mm（8 月 14—19 日），均突破当地历史极值。

2.2 台风

2016 年，西北太平洋和南海共生成台风 26 个，与常年基本持平，有 8 个登陆我国，较常年偏多 1 个，见图 2.5。其中有 6 个登陆强度达强台风量级，比例高达 75%，与 2005 年并列历史最高，另有 4 个台风严重影响我国，见表 2.2。

2.2.1 首台生成时间晚

2016 年上半年无台风生成，第 1 号台风于 7 月 3 日生成，生成时间之晚列 1949 年以来第 2 位，较常年首个台风的平均生成日期（3 月 19 日）明显偏晚，见表 2.1。

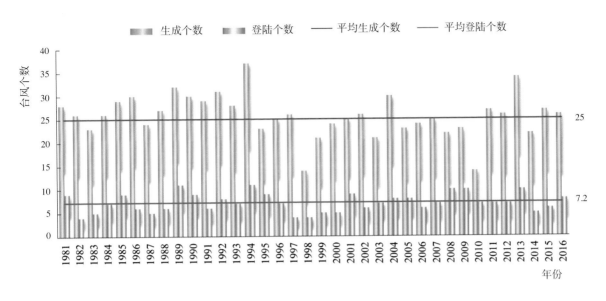

图 2.5 历年台风生成和登陆个数柱状图

表 2.1 历年首个台风生成时间表

年份	首次生成日期	年份	首次生成日期	年份	首次生成日期
1981	3 月 13 日	1993	3 月 13 日	2005	1 月 15 日
1982	3 月 16 日	1994	4 月 1 日	2006	5 月 9 日
1983	6 月 25 日	1995	4 月 29 日	2007	4 月 1 日
1984	6 月 9 日	1996	4 月 6 日	2008	4 月 15 日
1985	1 月 5 日	1997	4 月 13 日	2009	5 月 3 日
1986	2 月 1 日	1998	7 月 9 日	2010	3 月 24 日
1987	1 月 10 日	1999	4 月 24 日	2011	5 月 7 日
1988	1 月 8 日	2000	5 月 7 日	2012	3 月 29 日
1989	1 月 19 日	2001	5 月 11 日	2013	1 月 3 日
1990	1 月 13 日	2002	1 月 12 日	2014	1 月 18 日
1991	3 月 7 日	2003	1 月 18 日	2015	1 月 14 日
1992	1 月 6 日	2004	4 月 5 日	2016	7 月 3 日

首次生成日期统计

平均 (1981 — 2010 年)	3 月 19 日
最晚	1998 年 7 月 9 日
最早	2013 年 1 月 3 日

2.2.2 台风活动集中

7—10月，陆续有 22 个台风生成（见图 2.6），其中 8 月 14—20 日，短短 7 天内先后生成 5 个台风；出现 7 次双台风共存、2 次三台风共存现象。

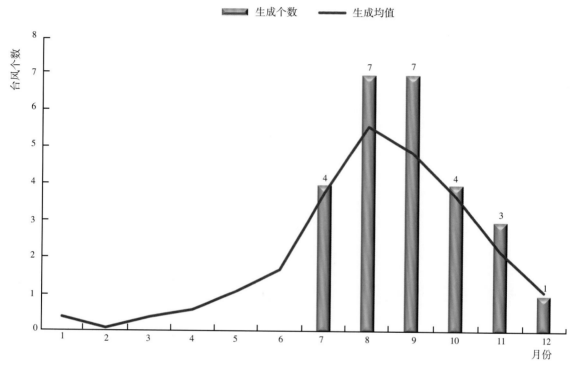

图 2.6 2016 年逐月台风生成个数柱状图

2.2.3 强台风登陆比例高

2016 年，有 8 个台风登陆我国，登陆个数多于常年（1981—2010 年多年平均 7.2 个），较 1983 年、1998 年等超强厄尔尼诺事件影响年的登陆台风个数明显偏多；有 6 个登陆台风达强台风以上量级，比例高达 75%；台风登陆点相对集中，均在福建南部及其以南地区，有 1 个登陆福建，3 个登陆广东，2 个登陆海南，2 个登陆台湾，见图 2.7。

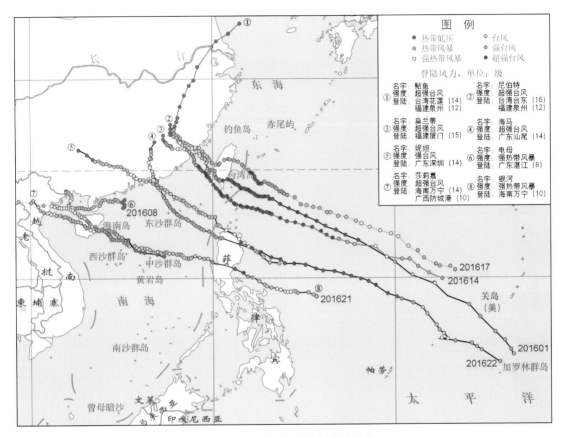

图 2.7 2016 年登陆台风路径图
（图中括号内数字为登陆风力，单位：级）

2.2.4 台风暴雨范围广、降水量大

2016 年共有 5 个台风（201604 号"妮妲"、201608 号"电母"、201614 号"莫兰蒂"、201617 号"鲇鱼"、201621 号"莎莉嘉"）导致大于 100mm 降水笼罩面积超过 11 万 km^2，其中第 17 号台风"鲇鱼"的大于 100mm 降水笼罩面积达 27 万 km^2。受第 8 号台风"电母"影响，海南昌江七叉镇站过程降水量达 1412mm，相当于该站多年平均年降水量（1513mm）的 93%。

2016 年登陆和影响我国的台风基本情况见表 2.2。

表2.2　2016年登陆和影响我国的台风基本情况

序号	编号	名称	鼎盛量级	登陆情况			影响地区	降水情况	洪水情况
				时间	地点	风力（风速）			
1	201601	尼伯特	超强台风	7月8日5时50分	台湾台东县	16级（55 m/s）	福建、江西、浙江、广东、上海、江苏	7月8—11日，福建大部、江西中部南部、浙江东部南部、广东中东部南部等地70~120 mm，其中福建莆田泉州福州等地150~230 mm；大于100 mm、50 mm降水笼罩面积分别为7万km²、24万km²，过程最大点降水量福建莆田濑溪374 mm，最大日降水量福建莆田濑溪站272 mm（7月8日）	福建闽江支流沙溪、梅溪、闽南沿海九龙江、木兰溪等10条河流发生超警以上洪水，超警幅度0.02~10.68 m，其中梅溪发生超历史洪水
2	201603	银河	强热带风暴	7月26日22时20分	海南万宁东澳镇	10级（28 m/s）	海南、广西、云南	7月26—28日，海南大部、广西南部、云南东南部，其中海南南部30~70 mm，大于100 mm、50 mm降水笼罩面积分别为1万km²、2.3万km²，过程最大点降水量海南陵水小妹271 mm，最大日降水量海南五指山站221 mm（7月26日）	主要江河未发生超警洪水
3	201604	妮妲	强台风	8月2日3时35分	广东深圳龙岗区大鹏半岛	14级（42 m/s）	福建、广东、广西、贵州、云南	8月1—3日，华南大部及贵州东南部、湖南部等地30~70 mm，其中广东中东部及广西部分地区100~200 mm；大于100 mm、50 mm降水笼罩面积分别为11万km²、40万km²；过程最大点降水量广东惠州吉隆366 mm，最大日降水量广东改名南塘站300 mm（8月2日）	广西北流河、白沙河、云南横江支流白水江、贵州柳江上游支流都柳江等4条河流发生超警洪水，超警幅度0.07~0.72 m；广州、深圳、中山等地有7个潮位站超警0.11~0.97 m，其中广东东莞泗盛围站8月2日11时最高潮位2.45 m，超过警戒潮位（1.90 m）0.55 m，重现期100年

续表

序号	编号	名称	鼎盛量级	登陆情况 时间	登陆情况 地点	登陆情况 风力（风速）	影响地区	降水情况	洪水情况
4	201608	电母	强热带风暴	8月18日15时40分	广东湛江雷州市	8级（20 m/s）	福建、广东、广西、海南、云南	8月14—19日，华南中南部及云南南部、贵州南部等地50~200 mm，其中海南中西部450~700 mm；大于400mm、250mm、100mm、50 mm降水笼罩面积分别为1.3万km²、3万km²、16万km²、40万km²，过程最大点降水量海南昌江七叉镇1412 mm，最大日降水量海南临高站538 mm（8月17日）	海南南渡江、广西沿海北仑河、云南南盘江文流清水江、澜沧江文流南爱河及南开河等5条河流及珠江三角洲4个潮位站发生超警洪水，超警幅度0.01~5.30 m，其中海南南渡江全线超警、上游干流发生大洪水
5	201614	莫兰蒂	超强台风	9月15日3时5分	福建厦门翔安区	15级（48 m/s）	福建、浙江、江西、上海、江苏	9月14—16日，江南东部、江淮中东部及福建南部等地50~150 mm，其中福建中部、浙江沿海180~250 mm；大于250mm、100mm、50 mm降水笼罩面积分别为1.2万km²、21.8万km²、34万km²，过程最大日降水量福建泉州巷仔540 mm，最大日降水量浙江丽水栗站390 mm（9月15日）	福建、浙江有38条中小河流发生超警以上洪水，超警幅度0.01~6.25 m。此外，大湖周边河网地区有33站水位超警0.03~0.72 m，其中里下河地区有7站水位超警0.10~0.65 m；东南沿海有13站潮位超警0.02~2.46 m
6	201617	鲇鱼	超强台风	9月28日4时40分	福建泉州惠安县	12级（33 m/s）	福建、浙江、安徽、江苏、上海、湖北	9月27—30日，江南中东部、江淮及湖北东部、广东东部、福建南部等地50~150 mm，其中福建东北部、浙江南部200~300 mm；大于250mm、100mm、50 mm降水笼罩面积分别为3.4万km²、27万km²、56万km²，过程最大点降水量浙江温州文成光明水库797 mm，最大日降水量浙江丽水西天站541 mm（9月28日）	太湖水位超警历时11天，10月8日21时洪峰水位3.88 m，超警0.08 m；周边河网一度有40站水位超警，其中3站水位超保0.01~1.10 m，超保0.03~5.59 m。浙江、福建有26条中小河流发生超警以上洪水，超警幅度0.03~5.59 m，其中6条河流有13个站位超警浙江丽水量浙江温州文成水，东南沿海有13个潮位站水位超警0.04~2.92 m

续表

序号	编号	名称	鼎盛等级	登陆情况			影响地区	降水情况	洪水情况
				时间	地点	风力（风速）			
7	201621	莎莉嘉	超强台风	10月18日9时50分	海南万宁市和乐镇	14级（45 m/s）	海南、广东、广西、贵州、湖南、江西	10月17—20日，华南大部及湖南南部和西南部、江西北部、海南东部等地50~150 mm，海南部分地区180~220 mm；大于100 mm、50 mm降水笼罩面积分别为12.8万km²、42.9万km²；过程最大点降水量海南安定白塘水库548 mm，最大日降水量海南琼中中平站331 mm（10月17日）	海南南渡江、广西郁江流域发生超警洪水，武思江全线超警，南渡江全线超警，超警幅度0.15~3.62 m，其中海南渡口站再次超警；海南、广东、福建沿海有13个潮位站超警0.01~0.66 m
8	201622	海马	超强台风	10月21日12时40分	广东汕尾海丰县鲘门镇	14级（42 m/s）	广东、福建、广西、江苏、上海、浙江	10月21—22日，广东东部、福建西南部、江西南部、江苏南部、上海、安徽南部、浙江北部等地50~120 mm，大于100 mm、50 mm降水笼罩面积分别为5.5万km²、19.9万km²；过程最大点降水量广东梅州祝石492 mm，最大日降水量广东梅州祝石站308 mm（10月21日）	广东韩江上游干流及其支流梅江、琴江，福建汀江流域小澜溪等4条河流发生超警洪水，超警幅度0.74~2.46 m。太湖河网一度再次超警，周边河网一度有44站超警0.01~0.74 m
9	201610	狮子山	超强台风	—	—	—	吉林、黑龙江、辽宁、内蒙古	8月29—31日，吉林、黑龙江东部、辽宁东部和北部及内蒙古通辽30~120 mm，大于100 mm、50 mm降水笼罩面积分别为3.1万km²、29.3万km²；过程最大点降水量吉林延边图们河254 mm；最大日降水量吉林延边天池站165 mm（8月30日）	吉林境内图们江干流及其支流超警，上游干流南坪至开山屯江段发生超历史洪水，图们江支流布尔哈通河、珲春河以及第二松花江上游支流头道江等9条中小河流发生超警洪水
10	201615	雷伊	台风	—	—	—	海南	9月12—13日，海南30~120 mm，大于100 mm、50 mm降水笼罩面积分别为0.2万km²、1.7万km²；过程最大点降水量琼中什坡站311 mm；最大日降水量琼中什坡站217 mm（9月12日）	主要江河未发生超警洪水

续表

序号	鼎盛量级		登陆情况			影响地区	降水情况	洪水情况
	编号	名称	时间	地点	风力（风速）			
11	201616	强台风	—	—	—	福建、浙江	9月17—18日，福建东部、浙江沿海大于50 mm降水笼罩面积为0.02万km²；过程最大点降水量浙江温州黄龙144mm；最大日降水量浙江温州黄龙站144 mm（9月17日）	上海、浙江、福建沿海共有23个潮位站超警，超警幅度0.04~0.51 m，其中上海黄浦江米市渡站超保0.02 m
12	201619	强热带风暴	—	—	—	福建、广东	10月7—10日，福建中南部、广东东部等地降水50~130 mm；大于100 mm、50 mm降水笼罩面积分别为2.5万km²、6.8万km²；过程最大点降水量福建漳州梁山246 mm；最大日降水量福建福鼎福阳站205 mm（10月7日）	主要江河未发生超警洪水

注　表中序号9~12为有严重影响但未登陆我国的台风。

2.3 洪水

2.3.1 全国发生 1998 年以来最大洪水

受强降雨影响，我国七大流域均出现不同程度的洪水。其中，长江流域发生 1998 年以来最大洪水，中下游干流监利以下江段及洞庭湖、鄱阳湖全面超警；太湖发生流域性特大洪水，出现 1954 年有记录以来仅低于 1999 年的历史第二高水位；海河流域南系发生 1996 年以来最大洪水；珠江流域西江和淮河发生超警洪水；黄河中游发生了接近警戒流量的洪水；辽河上游东辽河发生了超 20 年一遇大洪水。详见图 2.8~ 图 2.10。

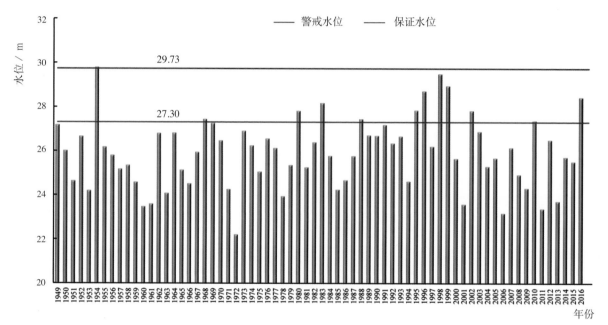

图 2.8　长江中游汉口站历年最高水位柱状图

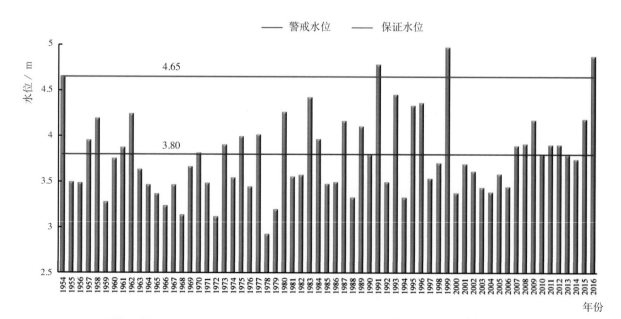

图 2.9　太湖历年最高水位柱状图

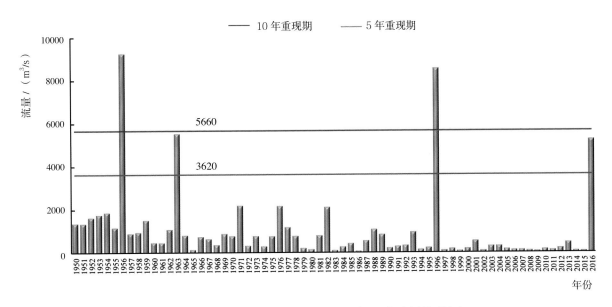

图 2.10   海河流域观台站历年最大流量柱状图

2016 年全国有 473 条河流发生超警洪水，为 1998 年以来最多（见图 2.11），涉及 29 个省（自治区、直辖市）。

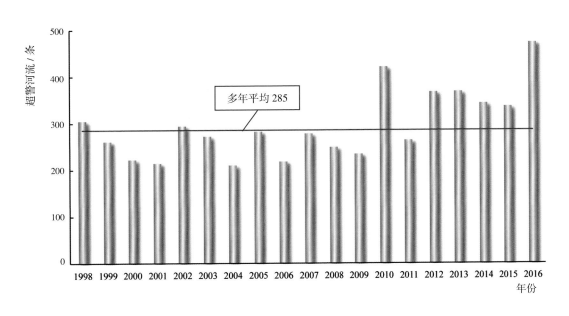

图 2.11   1998 年以来全国发生超警洪水的河流条数

2.3.2 洪水发生时间早

1月下旬，广东韩江以及广西北流河、福建尤溪、江西赣江上游支流等 24 条中小河流发生超警洪水，其中广东韩江等 9 条河流发生历史同期最大洪水，广西北流河、南流江等 2 条河流发生历史同期第二大洪水。

3月19—20日，江南南部、华南东部和北部出现强降水过程，广东北江、韩江、梅江，江西赣江上游贡水、桃江、章水，湖南湘江上游支流钟水、舜水，福建汀江等 18 条河流发生超警洪水，其中广东北江韶关水位站（入汛代表站）21日3时水位涨至 53.25 m，超警 0.25 m。依据《我国入汛日期确定办法（试行）》（国汛〔2014〕2 号）第六条规定，满足"任意入汛代表站发生超过警戒水位的洪水"，确定 2016 年我国入汛日期为 3 月 21 日，较多年平均入汛日期（4 月 1 日）偏早 11 天，见图 2.12。

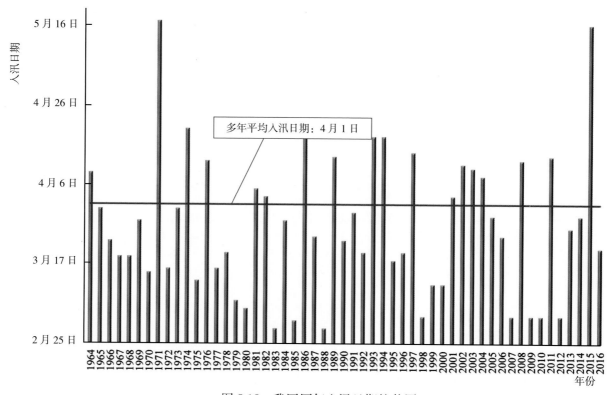

图 2.12　我国历年入汛日期柱状图

2.3.3 洪水范围广、时间集中

北方的黑龙江、吉林、辽宁、内蒙古、山西、陕西、北京、河北、河南、宁夏、甘肃、青海、新疆等 13 省（自治区、直辖市）共有 81 条河流发生超警洪水。其中，多年未发生洪水的西北内陆河及乌苏里江、图们江等东北界河均发生了较大洪水；南方的湖南、湖北、安徽、江西、江苏、上海、浙江、福建、广东、广西、重庆、四川、云南、贵州、海南、西藏等 16 省（自治区、直辖市）共有 392 条河流发生超警洪水。

洪水主要集中在 6—7 月。6 月初太湖平均水位开始超警，下旬珠江流域西江发生超警洪水；7 月初长江发生 2 次编号洪水，中下游干流监利以下江段及洞庭湖、鄱阳湖全面超警，7 月 8 日太湖出现历史第 2 高水位，7 月下旬海河漳卫河系、子牙河系发生大洪水，淮河上游干流发生超警洪水，辽河上游东辽河发生超 20 年一遇的大洪水。

2.3.4 超警持续时间长

1—12 月各月均有河流发生超警洪水。1 月有 28 条河流发生超警洪水；2—4 月共有 96 条河流发生超警洪水；5—9 月每月超警河流条数均超过 100 条，其中以 7 月的 237 条为最多。详见图 2.13。

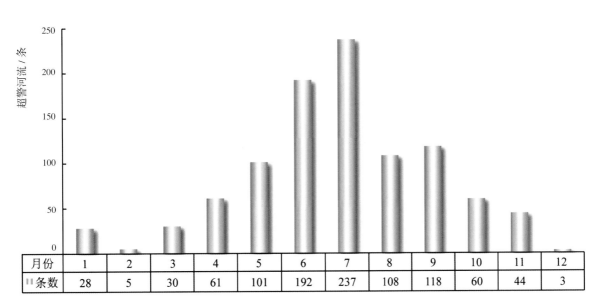

月份	1	2	3	4	5	6	7	8	9	10	11	12
条数	28	5	30	61	101	192	237	108	118	60	44	3

图 2.13　2016 年各月超警河流条数柱状图

2.4 干旱

2016 年全国水文干旱总体偏轻，但局部地区旱情较重。

2.4.1 北方冬麦区发生冬春旱

2015 年 12 月至 2016 年 3 月，北方冬麦区气温较常年同期偏高 1~2℃，降水量较常年同期偏少 3 成，其中山西、河南偏少 6~7 成，高温少雨导致部分地区土壤失墒迅速。4 月初，河北邢台、石家庄，山西临汾、运城，山东菏泽、潍坊，河南商丘、南阳等地有 72 个县（区、市）土壤中度缺墒。

2.4.2 部分地区发生夏伏旱

2016 年 7—8 月，东北及西北东南部降水较常年同期偏少 2~5 成，松花江、辽河、黄河等江河径流量较常年同期偏少 3~6 成,部分地区土壤缺墒严重。8月下旬，内蒙古呼伦贝尔、黑龙江齐齐哈尔、吉林松原、陕西渭南、甘肃庆阳等地有 76 个县（区、市）土壤中度以上缺墒。

8月，长江上中游地区持续高温，降水量较常年同期偏少 3 成，出现涝旱急转，四川南充、湖北十堰、江西上饶等地有 41 个县（区、市）土壤中度缺墒。

2.5 江河径流量＊

2.5.1 年径流量南多北少

2016 年，全国主要江河年径流量接近常年略偏多，空间上呈南多北少态势。长江下游偏多 1 成，西江接近常年略偏多；松花江偏少 3 成，辽河偏少 2 成，黄河偏少 3~5 成，海河拒马河偏少 6 成。详见图 2.14。

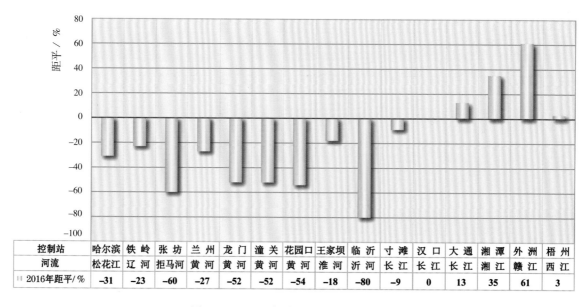

控制站	哈尔滨	铁岭	张坊	兰州	龙门	潼关	花园口	王家坝	临沂	寸滩	汉口	大通	湘潭	外洲	梧州
河流	松花江	辽河	拒马河	黄河	黄河	黄河	黄河	淮河	沂河	长江	长江	长江	湘江	赣江	西江
2016年距平/%	−31	−23	−60	−27	−52	−52	−54	−18	−80	−9	0	13	35	61	3

图 2.14　2016 年主要江河年径流量距平图

＊　松花江、辽河、海河、黄河流域径流量统计时段划分：汛前（1—5 月）、汛期（6—9 月）、汛后（10—12 月）；淮河、长江、珠江及钱塘江、闽江流域径流量统计时段划分：汛前（1—4 月）、汛期（5—9 月）、汛后（10—12 月）。

2.5.2 汛前径流量明显偏多

2016年汛前，长江、西江径流量较常年同期明显偏多。长江偏多6成，西江偏多1.4倍，其他江河径流量大部偏少，见图2.15。

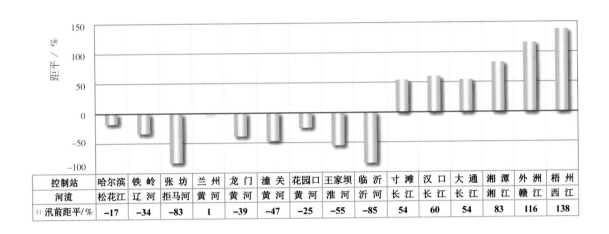

控制站	哈尔滨	铁岭	张坊	兰州	龙门	潼关	花园口	王家坝	临沂	寸滩	汉口	大通	湘潭	外洲	梧州
河流	松花江	辽河	拒马河	黄河	黄河	黄河	黄河	淮河	沂河	长江	长江	长江	湘江	赣江	西江
汛前距平/%	-17	-34	-83	1	-39	-47	-25	-55	-85	54	60	54	83	116	138

图2.15 2016年主要江河汛前径流量距平图

2.5.3 汛期径流量接近常年

2016年汛期，松花江、辽河、黄河、淮河、西江径流量偏少2~8成，长江下游及洞庭湖水系湘江、鄱阳湖水系赣江径流量偏多1~3成，见图2.16。

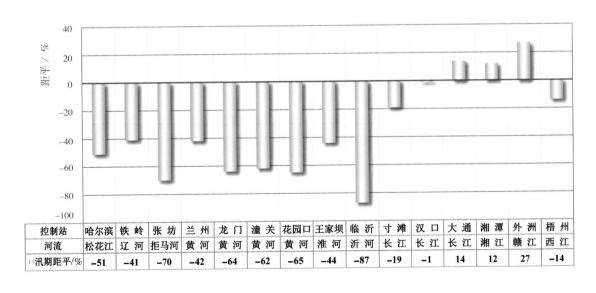

控制站	哈尔滨	铁岭	张坊	兰州	龙门	潼关	花园口	王家坝	临沂	寸滩	汉口	大通	湘潭	外洲	梧州
河流	松花江	辽河	拒马河	黄河	黄河	黄河	黄河	淮河	沂河	长江	长江	长江	湘江	赣江	西江
汛期距平/%	-51	-41	-70	-42	-64	-62	-65	-44	-87	-19	-1	14	12	27	-14

图2.16 2016年主要江河汛期径流量距平图

2.5.4 汛后径流量大部偏少

2016年汛后，除辽河、淮河径流量较常年同期偏多外，其余主要江河大部偏少。其中，松花江接近常年略偏少，海河拒马河偏少6成，黄河偏少2~7成，长江偏少1~3成，西江偏少3成。详见图2.17。

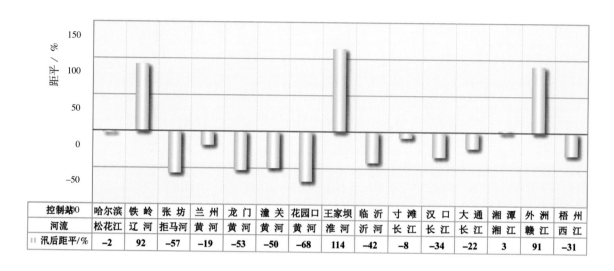

控制站	哈尔滨	铁岭	张坊	兰州	龙门	潼关	花园口	王家坝	临沂	寸滩	汉口	大通	湘潭	外洲	梧州
河流	松花江	辽河	拒马河	黄河	黄河	黄河	黄河	淮河	沂河	长江	长江	长江	湘江	赣江	西江
汛后距平/%	−2	92	−57	−19	−53	−50	−68	114	−42	−8	−34	−22	3	91	−31

图 2.17　2016 年主要江河汛后径流量距平图

2.6　水库蓄水

2.6.1　汛初全国水库蓄水总量较常年偏多1成

据全国4168座水库蓄水情况统计，2016年汛初（6月1日）蓄水总量约3107亿 m^3，较常年同期、2015年同期分别偏多14%、2%。其中，641座大型水库蓄水量2760亿 m^3，较常年同期、2015年同期分别偏多15%、2%；2415座中型水库蓄水量328亿 m^3，较常年同期、2015年同期分别偏多13%和7%。详见表2.3。

表 2.3　2016 年 6 月 1 日全国水库蓄水统计表

序号	所在省（自治区、直辖市）	统计座数	蓄水量 / 亿 m³	较 2015 年同期增减百分数 / %	较常年同期增减百分数 / %
1	北京	19	13.7	26	−12
2	天津	5	3.6	5	−10
3	河北	66	35.3	−14	−18
4	山西	53	10.6	−16	−6
5	内蒙古	18	41.8	−25	2
6	辽宁	333	66.6	18	−7
7	吉林	120	159.6	28	23
8	黑龙江	64	19.9	6	19
9	上海	1	2.4	3	0
10	江苏	50	16.9	−9	19
11	浙江	212	254.4	10	16
12	安徽	397	81.2	4	49
13	福建	137	104.2	20	23
14	江西	60	84.0	0	19
15	山东	189	19.2	−13	−27
16	河南	128	75.5	−25	−15
17	湖北	194	495.6	−6	19
18	湖南	287	225.8	3	9
19	广东	300	197.5	17	26
20	广西	199	286.6	4	13
21	海南	73	27.0	−25	−5
22	重庆	510	50.9	5	−7
23	四川	232	314.1	9	17
24	贵州	85	121.6	−3	12
25	云南	219	112.9	7	21
26	西藏	4	7.2	7	0
27	陕西	76	28.8	−5	0
28	甘肃	46	50.0	2	26
29	青海	12	176.4	−11	31
30	宁夏	6	0.7	14	−25
31	新疆	73	23.2	8	−6
	合计	4168	3107.2	2	14

注　表中统计数据未包括香港特别行政区、澳门特别行政区和台湾省资料。

2.6.2　汛末全国水库蓄水总量较常年偏多近 1 成

据全国 4246 座水库蓄水情况统计，2016 年汛末（10 月 1 日）蓄水总量约 3804 亿 m³，较常年同期偏多 7%，与 2015 年同期基本持平。其中，652 座大型水库蓄水量 3421 亿 m³，较常年同期偏多 7%，与 2015 年同期基本持平；2446 座中型水库蓄水量 351 亿 m³，较常年同期、2015 年同期分别偏多 7% 和 2%。详见表 2.4。

表 2.4　2016 年 10 月 1 日全国水库蓄水统计表

序号	所在省（自治区、直辖市）	统计座数	蓄水量 / 亿 m³	较 2015 年同期增减百分数 / %	较常年同期增减百分数 / %
1	北京	19	18.3	52	−2
2	天津	7	6.2	16	4
3	河北	67	71.9	84	33
4	山西	54	13.7	43	21
5	内蒙古	25	41.2	−32	−25
6	辽宁	337	95.0	40	6
7	吉林	119	180.1	16	3
8	黑龙江	102	82.3	18	−2
9	上海	1	2.2	−4	0
10	江苏	50	12.1	−7	−22
11	浙江	211	262.9	−3	17
12	安徽	388	62.8	−18	24
13	福建	137	118.0	0	17
14	江西	62	99.9	2	25
15	山东	186	36.2	56	−13
16	河南	126	88.6	24	−8
17	湖北	195	630.9	−4	12
18	湖南	267	229.2	−3	5
19	广东	304	214.5	10	16
20	广西	206	312.4	−13	6
21	海南	74	43.7	31	7
22	重庆	536	56.1	−14	−7
23	四川	238	496.6	−5	−1
24	贵州	88	159.0	−15	2
25	云南	219	153.3	9	23
26	西藏	2	7.7	1	0

序号	所在省（自治区、直辖市）	统计座数	蓄水量/亿 m³	较2015年同期增减百分数/%	较常年同期增减百分数/%
27	陕西	91	27.3	−9	−26
28	甘肃	47	56.7	14	−6
29	青海	13	193.5	−10	9
30	宁夏	12	0.7	−4	−48
31	新疆	63	31.1	3	21
	合计	4246	3803.9	−1	7

注 表中统计数据未包括香港特别行政区、澳门特别行政区和台湾省资料。

2.6.3 年末全国水库蓄水总量较常年偏多 1 成

据全国 3391 座水库蓄水情况统计，2016 年年末（2017 年 1 月 1 日）蓄水总量约 3723 亿 m³，较常年同期偏多 14%，与 2015 年同期基本持平。其中，613 座大型水库蓄水量 3409 亿 m³，较常年同期偏多 14%，与 2015 年同期基本持平；2094 座中型水库蓄水量 298 亿 m³，较常年同期偏多 17%，与 2015 年同期基本持平。详见表 2.5。

表 2.5 2017 年 1 月 1 日全国水库蓄水统计表

序号	所在省（自治区、直辖市）	统计座数	蓄水量/亿 m³	较2015年同期增减百分数/%	较常年同期增减百分数/%
1	北京	16	19.6	49	6
2	天津	6	4.7	25	−15
3	河北	66	77.3	76	43
4	山西	53	12.8	17	13
5	内蒙古	10	39.1	−30	−28
6	辽宁	278	89.5	37	6
7	吉林	115	146.6	−1	1
8	黑龙江	26	13.1	−2	9
9	上海	1	3.4	7	0
10	江苏	50	20.8	16	33
11	浙江	211	249.4	−8	27
12	安徽	370	85.5	3	83
13	福建	137	108.4	−2	25
14	江西	65	92.4	−11	43

序号	所在省（自治区、直辖市）	统计座数	蓄水量 / 亿 m³	较 2015 年同期增减百分数 / %	较常年同期增减百分数 / %
15	山东	186	35.4	59	−8
16	河南	126	112.1	13	10
17	湖北	180	725.2	2	15
18	湖南	150	226.2	2	29
19	广东	291	205.0	12	29
20	广西	199	286.7	−21	5
21	海南	73	61.6	75	29
22	重庆	154	43.3	2	−2
23	四川	199	464.1	−4	2
24	贵州	80	158.0	−15	4
25	云南	177	126.6	−1	9
26	西藏	3	7.7	0	0
27	陕西	50	33.7	−18	−5
28	甘肃	44	46.3	3	−13
29	青海	12	204.2	0	24
30	宁夏	2	0.5	−2	−21
31	新疆	61	23.6	8	−1
合计		3391	3722.8	−1	14

注 表中统计数据未包括香港特别行政区、澳门特别行政区和台湾省资料。

2.7 冰情

2.7.1 春季开河时间偏早

黄河内蒙古河段 3 月 24 日全线开河，开河日期较常年（3 月 26 日）偏早 2 天，见图 2.18；松花江干流 4 月 11 日全线开江，较常年偏早 6~12 天；黑龙江干流 5 月 1 日全线开江，其中黑河以上江段开江日期接近常年，黑河以下江段开江日期较常年偏早 4~16 天。

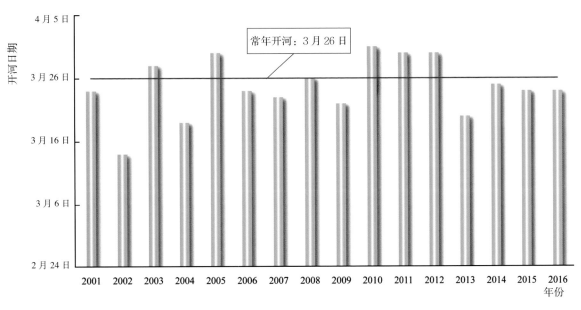

图 2.18　2001 年以来黄河宁蒙河段历年开河日期柱状图

2.7.2　冬季封河时间提前

黄河上游内蒙古三湖河口水文站断面以下 4 km 处 2016 年 11 月 23 日出现首封，首封日期较常年（12 月 2 日）偏早 9 天，见图 2.19。黑龙江省境内主要江河 2016 年 11 月 21 日全线封冻，封冻日期较常年总体偏早，其中嫩江提前 3~15 天，松花江提前 1~15 天，黑龙江提前 1~9 天，乌苏里江提前 5~9 天。

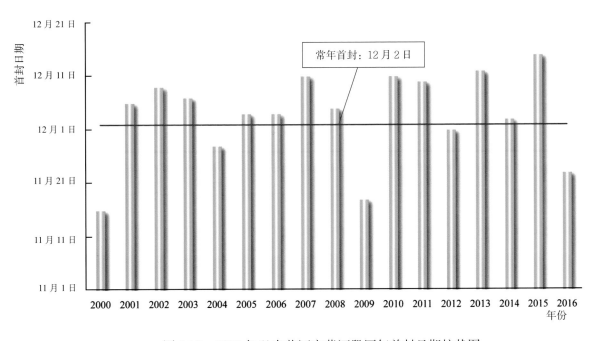

图 2.19　2000 年以来黄河宁蒙河段历年首封日期柱状图

第3章 主要雨水情过程

3.1 汛前

3.1.1 1月南方出现罕见强降水，广东、广西多条河流发生同期最大洪水

1月26—28日，长江以南大部出现一次大范围移动性强降水过程，主雨区覆盖珠江流域、长江中下游等区域，大于250 mm、100 mm、50 mm降水笼罩面积分别为0.5万 km²、24.6万 km²、34.2万 km²，过程最大点降水量广东阳春八甲圩384 mm、广西北海市区256 mm。

受强降水影响，广东韩江上游以及广西北流河、福建尤溪、江西赣江上游部分支流等24条中小河流发生超警洪水。其中，广东韩江等9条河流发生历史同期最大洪水，广西北流河、南流江2条河流发生历史同期第2大洪水。

3.1.2 3月19—24日江南华南出现强降水，我国3月21日进入汛期

3月19—24日，珠江、长江中下游、浙闽地区等出现一次移动性强降水过程，大于100 mm、50 mm降水笼罩面积分别为30万 km²、57万 km²，过程最大点降水量广东阳东黑湾296 mm、福建龙岩红山294 mm，见图3.1（a）。

受强降水影响，湖南湘江、江西赣江上中游、福建九龙江、广东北江及韩江上游等25条河流发生超警洪水，见图3.1（b）。

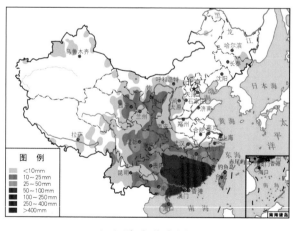

（a）降水分布图

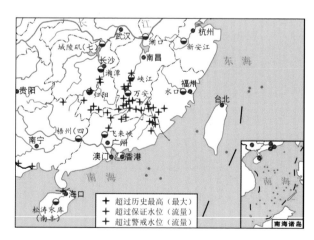

（b）超警河流分布图

图3.1 2016年3月19—24日降水、超警河流分布图

3.2 汛期

3.2.1 5月7—10日江南、华南出现强降水，湖南、江西、福建、广西等地多条主要江河发生超警洪水

5月7—10日，珠江、长江中下游、浙闽地区出现一次移动性强降水过程，大于100mm、50 mm 降水笼罩面积分别为 13 万 km²、50 万 km²，过程最大点降水量福建泰宁梅口 492 mm、江西黎川德胜关 372 mm。

受强降水影响，湖南湘江、江西信江、福建闽江、广东北江、广西桂江及太湖周边河网等 44 条河流发生超警洪水，其中福建闽江上游建溪和富屯溪、浙江杭嘉平运河等 3 条中小河流发生超保洪水。

3.2.2 5月31日至6月3日江淮、江南、华南出现强降水，太湖出现2016年第1号洪水

5月31日至6月3日，长江、太湖和珠江流域出现一次移动性强降水过程，大于100mm、50 mm 降水笼罩面积分别为 13 万 km²、63 万 km²，过程最大点降水量广西融安大将 332 mm、湖北崇阳葵山 262 mm、江西南昌明山闸 244 mm。

受降水影响，太湖平均水位6月3日9时涨至3.81 m，超警0.01 m，为太湖2016年第1号洪水，亦为 2016 年大江大河大湖首次超警，太湖周边河网有 13 站水位超警 0.04~0.52 m。此外，广西柳江上中游、桂江，江西信江上中游，福建闽江支流建溪，浙江钱塘江上游等主要江河及湖南湘江支流海洋河、渌水，安徽水阳江等 23 条河流发生超警洪水。

3.2.3 6月14—16日南方大部地区普降暴雨，西江出现2016年第1号洪水

6月14—16日，长江、珠江流域出现一次移动性强降水过程，大于100mm、50 mm 降水笼罩面积分别为 7 万 km²、67 万 km²，过程最大点降水量广西河池坡甲 368 mm、湖南株洲 258 mm、福建南平忠信 244 mm。

受强降水影响，广西柳江、桂江，广东北江，湖南湘江等 4 条主要江河，以及贵州沅江上游支流舞阳河、江西赣江支流袁水和信江支流泸溪水、浙江瓯江支流松阴溪、福建富屯溪等 36 条中小河流，共计 40 条河流发生超警洪水，其中湘江支流涓水、柳江二级支流环江发生超历史洪水。受干支流来水影响，西江干流武宣水文站 6 月 16 日 20 时水位涨至55.82 m，超警0.12 m，为西江 2016 年第 1 号洪水。

3.2.4 6月18—21日江淮、江南、西南出现强降水，福建、江西、重庆、四川部分中小河流发生超警以上洪水

6月18—21日，长江中下游沿江、江淮等出现一次强降水过程，大于100mm、50 mm降水笼罩面积分别为18万km²、61万km²，过程最大点降水量湖北鹤峰大坪402 mm、湖南桑植周家垭396 mm、江西景德镇吕蒙382 mm、贵州长顺猛坑357 mm、重庆酉阳笔山341 mm、安徽黄山黟县319 mm。

受强降水影响，福建闽江、安徽水阳江、江西饶河、贵州赤水河、重庆綦江等58条河流发生超警洪水，其中12条河流发生超保洪水，江西昌江、重庆酉水、四川永宁河等3条中小河流发生超历史洪水。

3.2.5 6月26日至7月6日长江中下游沿江及华南地区连续出现2次强降水，长江出现2次编号洪水，太湖出现历史第2高水位

6月26—29日，长江中下游沿江、珠江流域出现一次强降水过程，大于100 mm、50 mm降水笼罩面积分别为15万km²、54万km²，过程最大点降水量湖南桃源西安232 mm、浙江宁海洞口庙水库229 mm，见图3.2（a）。6月30日至7月6日，长江流域、珠江流域、太湖等再次出现强降水过程，大于250 mm、100 mm、50 mm降水笼罩面积分别为21万km²、70万km²、155万km²，过程最大点降水量广西防城港944 mm、湖北黄冈横河874 mm、安徽安庆红旗651 mm，见图3.2（b）。

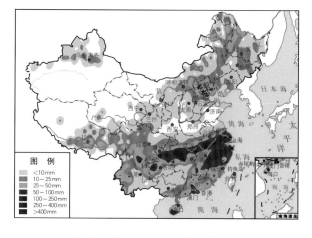

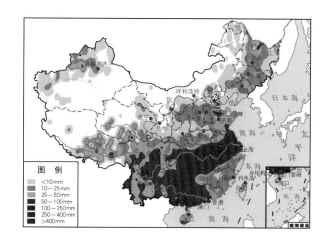

（a）6月26—29日降水分布图　　　　　　（b）6月30日至7月6日降水分布图

图3.2　2016年6月26日至7月6日降水分布图

受持续强降水影响，四川、重庆、云南、贵州、湖北、湖南、江西、安徽、浙江、福建、广西等11个省（自治区、直辖市）共有138条河流发生超警以上洪水，有36站发生超历史洪水，见图3.3。其中，长江上游三峡水库7月1日14时最大入库流量50000 m³/s，为长江2016年第1号洪水；受干流来水及区间降雨影响，长江下游干流大通水文站7月3日3时水位超警，为长江2016年第2号洪水，长江中下游干流监利以下江段及洞庭湖、鄱阳湖7月4日全面超警，超警河长达1050 km。7月8日20时，太湖平均水位达到4.87 m，为仅次于1999年的历史第2高水位（历史最高水位4.97 m，1999年7月），周边河网区共有51站水位超警，其中28站水位超保，溧阳、宜兴、苏州、无锡等地有17站水位超历史。

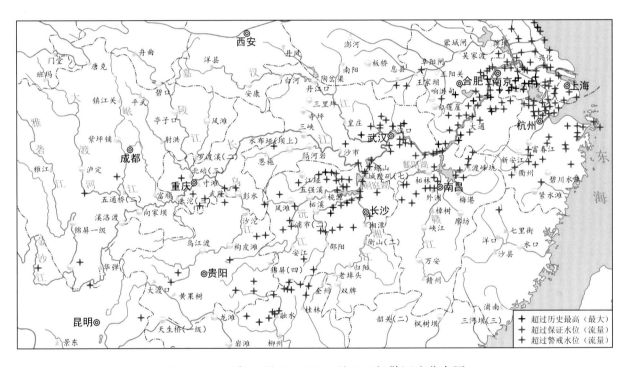

图3.3　2016年6月26日至7月6日超警河流分布图

3.2.6　7月18—21日北方地区出现2016年范围最大的移动性强降水，漳卫河、子牙河、淮河相继出现2016年第1号洪水

7月18—21日，海河、辽河、淮河及鄂东北诸支流出现强降水过程，大于250mm、100mm、50 mm降水笼罩面积分别为3.8万 km²、47万 km²、120万 km²，过程最大点降水量湖北荆门拾桥804 mm、河南安阳砚花水278 mm，见图3.4（a）。

受强降水影响，海河流域南系漳河干流观台水文站19日18时洪峰流量5200 m³/s，为漳河2016年第1号洪水；子牙河水系滹沱河黄壁庄水库20日7时最大入库流量8800 m³/s，为子牙河2016年第1号洪水。淮河上游干流王家坝水文站22日14时洪峰水位27.86 m，超警0.36 m，为淮河2016年第1号洪水，见图3.4（b）。

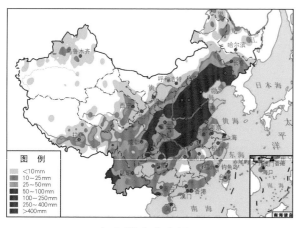
（a）降水分布图

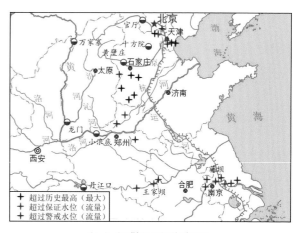
（b）超警河流分布图

图 3.4　2016 年 7 月 18—21 日降水和超警河流分布图

3.2.7　7 月 24—26 日东北出现强降水，辽河上游东辽河发生大洪水

7 月 24—26 日，松花江、辽河及海河流域北部降大到暴雨，大于 100 mm、50 mm 降水笼罩面积分别为 2.3 万 km²、23 万 km²，过程最大点降水量河北石家庄陈庄 212 mm、辽宁鞍山新华 194 mm。

受强降水影响，辽河上游有 3 条中小河流发生洪水，其中东辽河发生超 20 年一遇洪水，支流清河发生有记录以来第 3 位大洪水。

3.2.8　8 月 11—15 日西北华北出现大到暴雨，黄河上游部分支流发生大洪水

8 月 11—15 日，黄河中游、海河流域降大到暴雨，大于 100 mm、50 mm 降水笼罩面积分别为 2.8 万 km²、19 万 km²，过程最大点降水量山西吕梁张朝 256 mm、内蒙古鄂尔多斯陶利 242 mm、陕西榆林安崖 235 mm。

受降水影响，黄河上游支流湟水、清水河、西柳沟、罕台川，中游支流皇甫川、北川河等 6 条中小河流发生超警洪水，其中西柳沟、清水河支流折死沟发生了 20 年一遇大洪水。受上游来水及区间降水影响，黄河中游干流发生两次接近警戒流量的洪水。

3.2.9　第 8 号台风"电母"给珠江流域南部带来强降水，海南南渡江全线超警

受第 8 号台风"电母"登陆影响，8 月 14—19 日，珠江流域南部普降大到暴雨，部分地区大暴雨，大于 400 mm、250 mm、100 mm、50 mm 降水笼罩面积分别为 1.3 万 km²、3 万 km²、16 万 km²、40 万 km²，过程最大点降水量海南昌江七叉镇 1412 mm、广东湛江迈陈 483 mm、广西防城港江坡 197 mm。

受"电母"带来的强降水影响，海南南渡江，广西沿海北仑河，云南南盘江支流清水江、澜沧江支流南爱河及南开河等 5 条河流以及珠江三角洲 4 个潮位站发生超警洪水，超警幅

度 0.01~5.30 m，其中海南南渡江全线超警，上游干流发生大洪水。

3.2.10 8月29—31日松辽流域出现强降水，吉林图们江上游发生超历史洪水

受第 10 号台风"狮子山"并入东北低压影响，8 月 29—31 日，松花江流域、辽河流域等降大到暴雨，部分地区降大暴雨，大于 100 mm、50 mm 降水笼罩面积分别为 3 万 km²、29 万 km²，过程最大点降水量吉林延边圈河站 254 mm、黑龙江鸡西胜利水库站 153 mm、辽宁抚顺泡子沿站 141 mm。

受强降水影响，吉林境内图们江干流全线超警，上游干流南坪至开山屯江段发生超历史洪水，图们江支流布尔哈通河、珲春河以及第二松花江上游支流头道江等 9 条中小河流发生超警洪水。

3.2.11 第 14 号台风"莫兰蒂"给浙闽、太湖、淮河带来强降水，福建、浙江多条河流发生超保洪水

受第 14 号台风"莫兰蒂"影响，9 月 14—16 日，浙闽、太湖及淮河流域出现一次强降水过程，大于 250 mm、100 mm、50 mm 降水笼罩面积分别为 1.2 万 km²、21.8 万 km²、34 万 km²，过程最大点降水量福建泉州巷仔 540 mm、浙江温州文成桂山 469 mm、上海南汇大治河东闸 342 mm，见图 3.5（a）。

受"莫兰蒂"带来的强降水影响，福建晋江、木兰溪、大樟溪、鳌江、交溪，浙江飞云江支流峃作口溪、瓯江支流宣平溪、椒江支流朱溪、甬江支流姚江等 38 条中小河流发生超警以上洪水，超警幅度 0.01~6.25 m，其中福建木兰溪、大樟溪以及浙江峃作口溪、宣平溪、朱溪、姚江等 13 条河流发生超保洪水。此外，太湖周边河网地区有 33 站水位超警 0.03~0.72

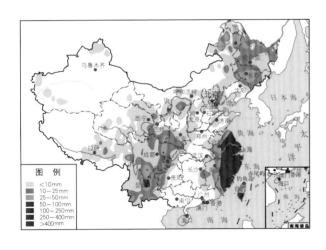

（a）降水分布图　　　　　　　　　　（b）超警河流分布图

图 3.5　2016 年 9 月 14—16 日降水、超警河流分布图

m，其中有 7 站水位超保 0.11~0.42 m；江苏里下河地区盐城、南通有 10 站水位超警 0.10~0.65 m；东南沿海有 13 站潮位超警 0.02~2.46 m，见图 3.5（b）。

3.2.12　第 17 号台风"鲇鱼"给我国中东部带来强降水，太湖水位再次超警

受第 17 号台风"鲇鱼"影响，9 月 27—30 日，我国中东部福建、浙江、江西、江苏、安徽等 5 个省降暴雨到大暴雨，大于 250 mm、100 mm、50 mm 降水笼罩面积分别为 3.4 万 km²、27 万 km²、56 万 km²，过程最大点降水量浙江温州文成光明水库 797 mm、福建宁德青岚水库 619 mm，见图 3.6（a）。

受"鲇鱼"带来的强降水影响，太湖水位 10 月 2 日开始超警，8 日 21 时洪峰水位 3.88 m，超警 0.08 m，12 日退至警戒水位以下，超警历时 11 天。周边河网一度有 40 站水位超警 0.01~1.10 m，其中 3 站水位超保。此外，浙江姚江、瓯江、飞云江、鳌江，福建交溪、木兰溪、闽江下游支流大樟溪等 26 条中小河流发生超警以上洪水，超警幅度 0.03~5.59 m，其中浙江瓯江支流大溪、鳌江支流北港和横阳之江、飞云江支流岙作口溪，福建大樟溪等 6 条中小河流发生超保洪水，东南沿海有 13 个潮位站水位超警 0.04~2.92 m，见图 3.6（b）。

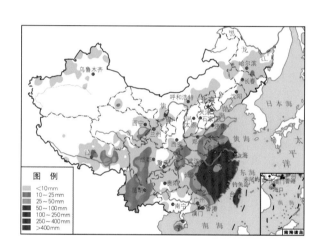

（a）降水分布图

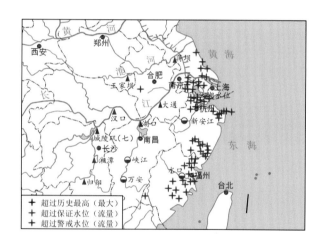

（b）超警河流分布图

图 3.6　2016 年 9 月 27—30 日降水、超警河流分布图

3.3　汛后

3.3.1　第 21 号台风"莎莉嘉"给珠江流域带来强降水，海南南渡江再次全线超警

受第 21 号台风"莎莉嘉"影响，10 月 17—20 日，珠江流域、长江中下游等地出现强降水过程，大于 100 mm、50 mm 降水笼罩面积分别为 12.8 万 km²、42.9 万 km²，过程最大点降水量海南安定白塘水库 548 mm、广西防城港十万山公园 536 mm、广东深圳高峰 327 mm。

受台风"莎莉嘉"带来的强降水影响，海南南渡江、广西郁江支流武思江发生超警洪水，超警幅度 0.15~3.62 m，其中海南南渡江再次全线超警。此外，受天文潮共同影响，海南、广东、福建沿海有 13 个潮位站超警 0.01~0.66 m。

3.3.2 10 月 20—27 日太湖、淮河及珠江流域东部出现强降水，太湖水位第 3 次超警

10 月 20—27 日，长江中下游沿江、太湖及淮河流域连续出现较强降水，一般为大到暴雨，部分地区降了大暴雨。大于 100 mm、50 mm 降水笼罩面积分别为 12.8 万 km²、42.9 万 km²，累积最大点降水量上海南汇棉场 327 mm、江苏常州茅东水库 282 mm。

受强降水影响，太湖水位 10 月 22 日第 3 次超警，29 日 8 时洪峰水位 4.12 m，超警 0.32 m，周边河网一度有 44 站超警 0.01~0.74 m。此外，广东韩江上游干流及其支流梅江、琴江，福建汀江支流小澜溪等 4 条河流发生超警洪水，超警幅度 0.74~2.46 m。

第4章 各流域（片）洪水分述

4.1 长江流域

2016 年，长江共发生 2 次编号洪水，中下游干流监利以下江段及洞庭湖、鄱阳湖全面超警，主要站洪峰水位列有实测记录以来第 4~10 位，超警历时 12~29 天；湖北、湖南、安徽、江苏等 10 个省（直辖市）共有 176 条河流超警，48 条河流超保，31 条河流超历史，见表 4.1。

4.1.1 受上游干支流及三峡区间来水影响，出现长江 2016 年第 1 号洪水

长江上游干流寸滩水文站（重庆江北）7 月 1 日 17 时洪峰流量 28700 m^3/s；支流乌江武隆水文站（重庆武隆）7 月 1 日 15 时洪峰流量 11500 m^3/s；干流三峡水库（湖北秭归）7 月 1 日 14 时最大入库流量 50000 m^3/s，为 2016 年长江第 1 号洪水，见图 4.1。

4.1.2 洞庭湖水系资水、沅江发生较大洪水，洞庭湖城陵矶站水位超警

资水柘溪水库（湖南益阳）7 月 4 日 14 时最大入库流量 20400 m^3/s，列 1962 年建库以来第 1 位（历史最大入库 17900 m^3/s，1996 年 7 月），4 日 23 时最大出库流量 6190 m^3/s，见图 4.2；沅江五强溪水库（湖南怀化）7 月 5 日 9 时最大入库流量 22300 m^3/s，7 日 11 时最大出库流量 12000 m^3/s。此次洪水过程中，洞庭湖水系湘江、资水、沅江、澧水 4 条河流控制站 7 月 5 日合成流量达 27000 m^3/s。洞庭湖城陵矶水文站（湖南岳阳）7 月 3 日水位超警，8 日 3 时洪峰水位 34.47 m，超警 1.97 m，29 日退至警戒水位以下，超警历时 27 天。

4.1.3 鄱阳湖水系修水出现历史第 2 高水位，鄱阳湖湖口站水位超警

修河柘林水库（江西永修）7 月 4 日 3 时最大入库流量 7010 m^3/s，4 日 17 时最大出库流量 3180 m^3/s，见图 4.3；永修水位站（江西永修）7 月 5 日 12 时 40 分洪峰水位 23.18 m，超警 3.18 m，水位列 1947 年有实测记录以来第 2 位（历史最高水位 23.48 m，1998 年 7 月）。鄱阳湖湖口水文站（江西湖口）7 月 3 日水位超警，9 日 23 时洪峰水位 21.30 m，超警 1.80 m，31 日退至警戒水位以下，超警历时 29 天。

4.1.4 长江中下游干流监利以下江段全面超警，为长江 2016 年第 2 号洪水

长江中游干流莲花塘水位站（湖南岳阳）7 月 3 日水位超警，7 日 23 时洪峰水位 34.29 m，超警 1.79 m，28 日退至警戒以下，超警历时 26 天；其下游汉口水文站（湖北武汉）7 月

表 4.1　长江 "2016·07" 洪水主要站特征值表

区域	河名	站名	2016年洪峰水位 数值/m	2016年洪峰水位 出现日期	2016年洪峰流量 数值/(m³/s)	2016年洪峰流量 出现日期	超警历时/d	水位(流量)历史排位	警戒水位/m	保证水位/m	历史最高水位 数值/m	历史最高水位 出现时间	历史最大流量 数值/(m³/s)	历史最大流量 出现时间
长江干流	上游	三峡	—	—	50000	7月1日	—	—	145.00①	—	—	—	—	—
长江干流	中游	监利	36.26	7月6日	28600	7月4日	12	10	35.50	37.23	38.31	1998年8月	46300	1998年8月
长江干流	中游	莲花塘	34.29	7月7日	—	—	26	5	32.50	34.40	35.80	1998年8月	—	—
长江干流	中游	螺山	33.37	7月7日	52200	7月7日	18	5	32.00	34.01	34.95	1998年8月	78800	1954年8月
长江干流	中游	汉口	28.37	7月7日	58400	7月7日	18	5	27.30	29.73	29.73	1954年8月	76100	1954年8月
长江干流	中游	九江	21.68	7月9日	66700	7月8日	29	7	20.00	23.25	23.03	1998年8月	75000	1996年7月
长江干流	下游	安庆	17.71	7月9日	70700	7月11日	23	6	16.70	19.34	18.74	1954年8月	58700	1952年8月
长江干流	下游	大通	15.66	7月8日	—	—	26	6	14.40	17.10	16.64	1954年8月	92600	1954年8月
长江干流	下游	南京	9.96	7月5日	—	—	28	4	8.50	—	10.22	1954年8月	—	—
洞庭湖水系	洞庭湖	城陵矶	34.47	7月8日	31200	7月10日	27	6	32.50	34.55	35.94	1998年8月	57900	1931年7月
洞庭湖水系	沅江	五强溪	—	—	12070	7月6日	—	—	108.00①	—	—	—	—	—
洞庭湖水系	资水	柘溪	—	—	20400	7月4日	—	(1)	169.00①	—	—	—	—	—
洞庭湖水系	资水	桃江	43.29	7月5日	9162	7月5日	3	7	39.20	42.30	44.44	1996年7月	15300	1955年8月
鄱阳湖水系	鄱阳湖	湖口	21.30	7月9日	—	—	29	6	19.50	22.50	22.59	1998年7月	31900	1998年6月
鄱阳湖水系	修水	永修	23.18	7月5日	5080	7月5日	30	2	20.00	—	23.48	1998年7月	4450	2005年9月

续表

区域	河名	站名	2016年洪峰水位 数值/m	2016年洪峰水位 出现日期	2016年洪峰流量 数值/(m³/s)	2016年洪峰流量 出现日期	超警历时/d	水位（流量）历史排位	警戒水位/m	保证水位/m	历史最高水位 数值/m	历史最高水位 出现时间	历史最大流量 数值/(m³/s)	历史最大流量 出现时间
湖北境内	清江	水布垭	397.15	7月20日	13100	7月19日	—	1	391.80①	—	399.5	2008年11月	9020	2014年9月
	清江	隔河岩	198.82	7月20日	9830	7月21日	—	5	—	—	203.94	1998年10月	18400	1997年7月
支流	府澴河	卧龙潭	31.19	7月21日	—	—	24	1	27.00	29.69	30.26	1996年7月	—	—
	滠水	长轩岭	34.34	7月1日	3310	7月1日	—	1	—	—	33.27	2008年8月	2720	2008年8月
	倒水	李家集	30.75	7月2日	—	—	5	1	28.00	30.73	30.73	1955年6月	—	—
	举水	柳子港	33.58	7月1日	5500	7月1日	3	1	29.00	33.11	33.11	1991年7月	5530	1991年7月
	巴水	马家潭	28.21	7月2日	7460	7月2日	—	(2)	—	—	34.80	1969年5月	8820	1983年7月
	汉北河	天门	31.35	7月21日	932	7月23日	21	1	29.30	30.00	30.46	1996年7月	710	1995年5月
湖泊	长湖	长湖	33.45	7月23日	—	—	16	1	32.50	33.00	33.30	1983年10月	—	—
	洪湖	挖沟咀	26.99	7月18日	—	—	28	3	26.20	26.97	27.46	1969年7月	—	—
	斧头湖	三洲	23.98	7月15日	—	—	35	4	22.80	23.94	24.59	1998年9月	—	—
	梁子湖	梁子镇	21.49	7月12日	—	—	35	1	20.50	21.36	21.43	1991年7月	—	—
	沉汉湖	余家咀	26.85	7月8日	—	—	19	1	25.70	26.87	26.54	2003年7月	—	—

续表

区域	河名	站名	2016年洪峰水位 数值/m	出现日期	2016年洪峰流量 数值/(m³/s)	出现日期	超警历时/d	水位（流量）历史排位	警戒水位/m	保证水位/m	历史最高水位 数值/m	出现时间	历史最大流量 数值/(m³/s)	出现时间
安徽境内	支流 青弋江	大溪坊	12.95	7月5日	1210	7月4日	26	1	11.20	13.40	12.74	1999年7月	861	2011年6月
	水阳江	新河庄	14.02	7月5日	1800	7月4日	41	2	11.00	12.50	14.64	1999年7月	1710	2009年8月
	滁河	晓桥	11.53	7月5日	—	—	12	8	9.50	12.10	12.63	1991年7月	208	2011年7月
	湖泊 白荡湖	高庙山	15.24	7月7日	—	—	42	1	13.00	14.49	14.90	—	—	—
	菜子湖	枞阳闸	17.23	7月7日	—	—	41	1	14.50	16.85	16.85	1983年7月	—	—
	巢湖	忠庙	12.77	7月9日	—	—	38	2	—	12.75	12.80	1991年7月	—	—
江苏	秦淮河	东山	11.44	7月7日	—	—	39	1	8.5	—①	11.17	2015年6月	—	—

① 该值为水库汛限水位

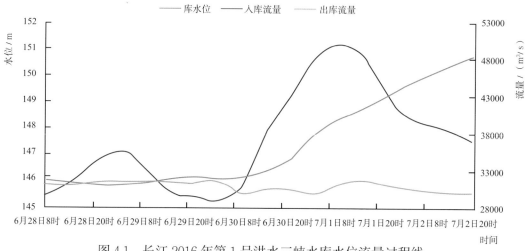

图 4.1　长江 2016 年第 1 号洪水三峡水库水位流量过程线

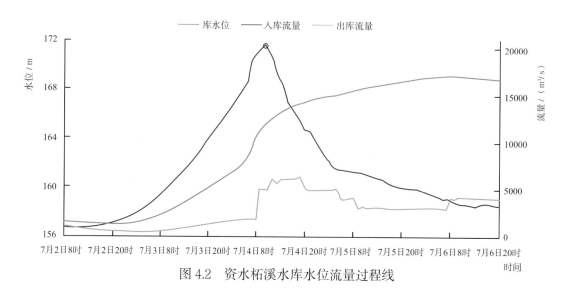

图 4.2　资水柘溪水库水位流量过程线

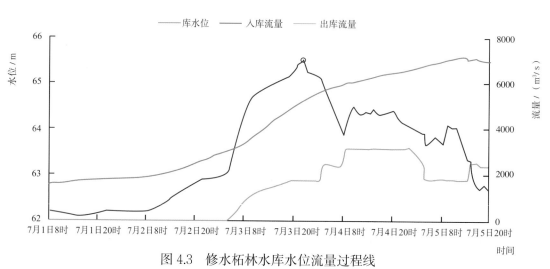

图 4.3　修水柘林水库水位流量过程线

4 日、20 日两次超警，7 日 4 时洪峰水位 28.37 m，超警 1.07 m，相应流量 55400 m³/s，25 日退至警戒以下，累计超警历时 18 天；下游控制站大通水文站（安徽贵池）7 月 3 日水位超警，8 日 23 时洪峰水位 15.66 m，超警 1.26 m，相应流量 69900 m³/s，28 日退至警戒以下，超警历时 26 天。详见图 4.4。

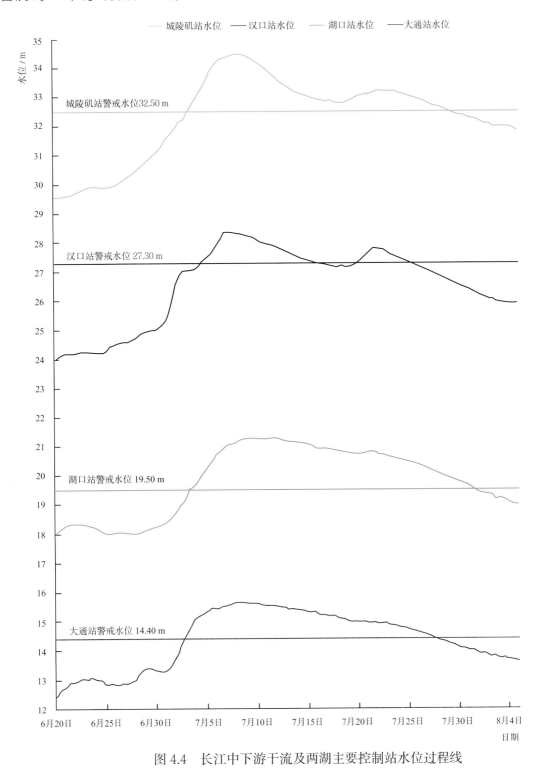

图 4.4 长江中下游干流及两湖主要控制站水位过程线

4.1.5 湖北倒水、举水，安徽青弋江，江苏秦淮河等发生超历史洪水，湖北、安徽 10 个湖泊水位超过或接近历史最高

湖北境内府澴河、滠水、巴水等 10 条中小河流发生超警以上洪水，其中倒水、举水、府澴河、汉北河等 7 条河流发生超历史洪水；洪湖、梁子湖、长湖、斧头湖、汈汊湖水位接近或超历史实测记录。举水柳子港水文站（湖北武汉）7 月 1 日 22 时 30 分洪峰水位 33.58 m，相应流量 5200 m³/s，水位列 1953 年有实测记录以来第 1 位（历史最高水位 33.11 m，1991 年 7 月），见图 4.5。梁子湖梁子镇水位站（湖北鄂州）7 月 12 日 1 时洪峰水位 21.49 m，超过保证水位 0.13 m，列 1961 年有实测记录以来第 1 位（历史最高水位 21.43 m，1991 年 7 月）。

安徽境内青弋江、滁河等 33 条河流发生超警以上洪水，其中青弋江、西河等 13 条河流发生超历史实测记录；巢湖、菜子湖等湖泊水位接近或超历史实测记录。青弋江大砻坊水文站（安徽芜湖）7 月 5 日 15 时 42 分洪峰水位 12.95 m，超警 1.75 m，洪峰流量 1210 m³/s，水位列 1979 年有实测记录以来第 1 位（历史最高水位 12.74 m，1999 年 7 月）。菜

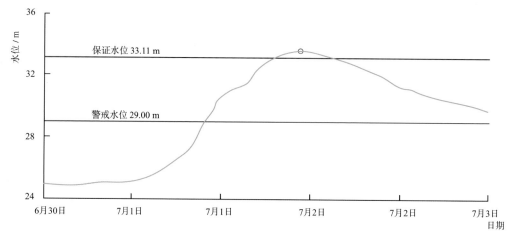

图 4.5　举水柳子港站水位过程线

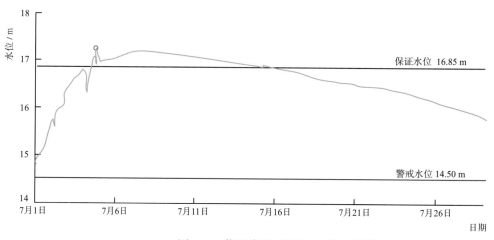

图 4.6　菜子湖枞阳闸站水位过程线

子湖枞阳闸（安徽枞阳）7月5日6时30分洪峰水位17.23 m，超过保证水位0.38 m，列1961年有实测记录以来第1位（历史最高水位16.85 m，1983年7月），见图4.6。巢湖忠庙站（安徽巢湖）7月9日4时6分洪峰水位12.77 m，超过保证水位0.77 m，列1962年有实测记录以来第2位（历史最高水位12.80 m，1991年7月）。

江苏境内秦淮河东山水位站（江苏南京）7月7日6时20分洪峰水位11.44 m，超警2.94 m，列1950年有实测记录以来第1位（历史最高水位11.17 m，2015年6月），见图4.7。

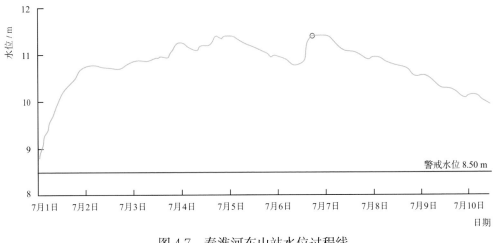

图4.7　秦淮河东山站水位过程线

4.2　黄河流域

8月中下旬，黄河上中游部分支流发生了大洪水，中游干流发生2次接近警戒流量的洪水。

甘肃境内黄河上游庄浪河红崖子水文站（兰州西固，集水面积4007 km^2）8月23日6时36分洪峰流量482 m^3/s，超过保证流量（313 m^3/s），列1968年有实测记录以来第1位（历史最大流量389 m^3/s，2002年6月），重现期超20年，见图4.8。

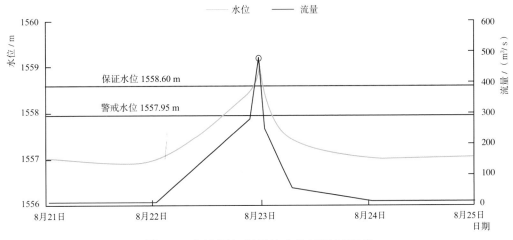

图4.8　庄浪河红崖子站水位流量过程线

宁夏境内黄河上游清水河支流折死沟张湾水文站（宁夏吴忠，集水面积 1860 km²）8 月 14 日 23 时洪峰流量 1480 m³/s，列 1979 年有实测记录以来第 2 位（历史最大流量 1810 m³/s，1995 年 7 月），重现期 20 年，见图 4.9；黄河上游苏峪口沟苏峪口水文站（宁夏银川，集水面积 51 km²）8 月 22 日 1 时 16 分洪峰流量 420 m³/s，超过保证流量（198 m³/s），列 1971 年有实测记录以来第 2 位（历史最大流量 560 m³/s，1998 年 5 月），重现期超过 50 年。

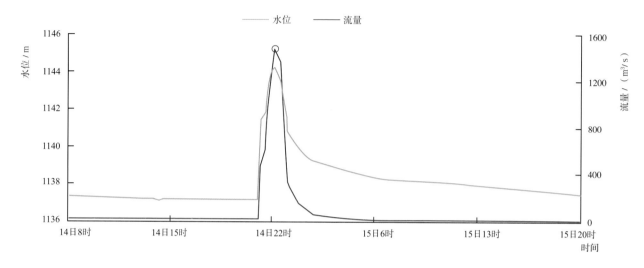

图 4.9　折死沟张湾站水位流量过程线

内蒙古境内黄河上游西柳沟龙头拐水文站（内蒙古达拉特旗，集水面积 1157 km²）8 月 17 日 14 时 50 分洪峰流量 3000 m³/s，列 1963 年有实测记录以来第 4 位（历史最大流量 6940 m³/s，1989 年 7 月），重现期接近 20 年，见图 4.10；罕台川响沙湾水文站（内蒙古达拉特旗，集水面积 826 km²）8 月 17 日 9 时 30 分洪峰流量 1000 m³/s，列 1980 年有实测记录以来第 5 位（历史最大流量 3090 m³/s，1989 年 7 月），重现期接近 5 年。

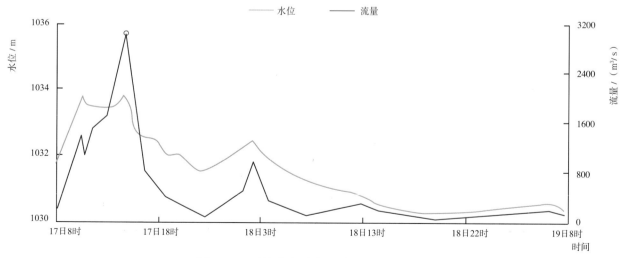

图 4.10　西柳沟龙头拐站水位流量过程线

陕西境内黄河中游皇甫川皇甫水文站（陕西府谷，集水面积 3175 km^2）8 月 18 日 6 时 36 分洪峰流量 2130 m^3/s，超过警戒流量（2000 m^3/s）。

山西境内黄河中游三川河支流北川河圪洞水文站（山西吕梁，集水面积 749 km^2）8 月 14 日 9 时 30 分洪峰流量 249 m^3/s，超过警戒流量（226 m^3/s），列 1960 年有实测记录以来第 5 位（历史最大流量 562 m^3/s，1988 年 7 月）。

受上游来水及区间降雨影响，黄河中游干流出现 2 次接近警戒流量洪水，见图 4.11。吴堡水文站（陕西榆林）8 月 14 日 18 时 24 分洪峰流量 4400 m^3/s，8 月 16 日 5 时 30 分洪峰流量 4600 m^3/s，均低于警戒流量（5000 m^3/s）。

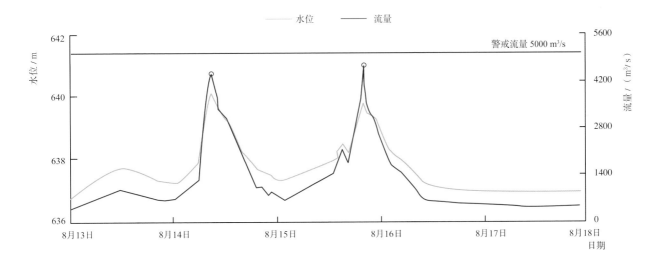

图 4.11　黄河中游吴堡水文站水位流量过程线

4.3　淮河流域

淮河出现 1 次编号洪水，江苏里下河地区部分站点水位超警。

淮河上游干流王家坝水文站（安徽阜南）7 月 22 日 14 时洪峰水位 27.86 m，超警 0.36 m，为淮河 2016 年第 1 号洪水，相应流量 3570 m^3/s，见图 4.12。

受第 14 号台风"莫兰蒂"以及第 22 号台风"海马"带来的强降雨影响，里下河地区有 6 站水位超警 0.03~0.56 m。

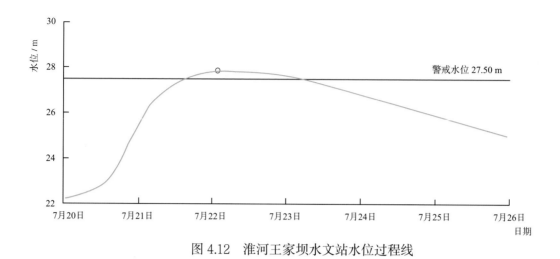

图 4.12　淮河王家坝水文站水位过程线

4.4　海河流域

海河流域漳卫河系、子牙河系发生 1996 年以来最大洪水，北运河发生较大洪水，河南卫河支流安阳河、河北滏阳河支流牤牛河等 6 条中小河流发生了超历史或超保洪水，见表 4.2。

表 4.2　海河流域主要河流洪水特征值表

水系	河流	站名	2016 年洪水			历史最大洪水	
			洪峰流量 /（m³/s）	出现时间	历史排位	流量 /（m³/s）	出现时间
漳河	干流	观台	5200	7 月 19 日 18:00	4	8910	1996 年 8 月
卫河	安阳河	安阳	1730	7 月 19 日 23:30	2	2060	1982 年 8 月
滹沱河	干流	黄壁庄①	8800	7 月 20 日 07:00	3	12600	1996 年 8 月
	干流	岗南①	4090	7 月 20 日 01:00	3	7010	1996 年 8 月
	冶河	微水	8500	7 月 20 日 03:54	2	12200	1996 年 8 月
		平山	8340	7 月 20 日 06:00	4	13000	1996 年 8 月
滏阳河	沙河	朱庄①	7780	7 月 20 日 03:00	2	9760	1996 年 8 月
	泜河	临城①	3120	7 月 20 日 01:00	3	5560	1963 年 8 月
	洺河	临洺关	5710	7 月 20 日 01:30	2	12300	1963 年 8 月
	路罗川	坡底	1650	7 月 19 日 19:10	1	1120	1996 年 8 月
	牤牛河	木鼻	335	7 月 20 日 06:00	1	203	1982 年 8 月
大清河	大石河	漫水河	1080	7 月 20 日 19:10	4	1860	1956 年 8 月
北运河	凉水河	榆林庄	686	7 月 21 日 14:00	2	790	2012 年 7 月

①　该站为水库站，其他均为水文站。

漳卫河系漳河干流观台水文站（河北磁县）7月19日18时洪峰流量5200 m³/s，列1952年有实测记录以来第4位（历史最大入库流量9200 m³/s，1956年8月），重现期10年，见图4.13；卫河支流安阳河安阳水文站（河南安阳）19日23时30分洪峰水位75.66 m，超保0.48 m，相应流量1730 m³/s，水位、流量均列1957年有实测记录以来第2位（历史最高水位76.42 m，历史最大流量2060 m³/s，1982年8月）。

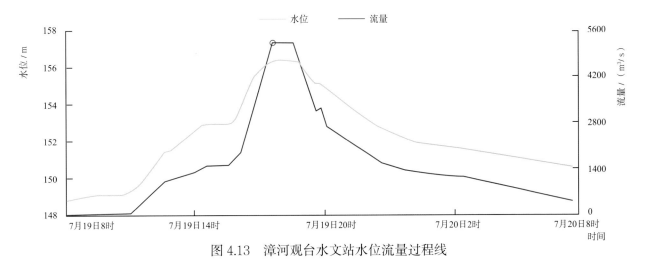

图4.13　漳河观台水文站水位流量过程线

子牙河系滹沱河黄壁庄水库（河北鹿泉）7月20日7时最大入库流量8800 m³/s，列1960年有实测记录以来第3位（历史最大流量12600 m³/s，1996年8月），重现期30年，见图4.14；滏阳河支流沙河朱庄水库（河北邢台）20日3时最大入库流量7780 m³/s，列1975年有实测记录以来第2位（历史最大流量9760 m³/s，1996年8月），重现期100年。

大清河支流大石河漫水河水文站（北京房山）7月20日19时10分洪峰流量1080 m³/s，重现期10年，列1951年有实测记录以来第4位（历史最大流量1860 m³/s，1956年8月）。

北运河支流凉水河榆林庄水文站（北京通州）7月20日23时洪峰流量686 m³/s，列1956年有实测记录以来第2位（历史最大流量790 m³/s，2012年7月）。

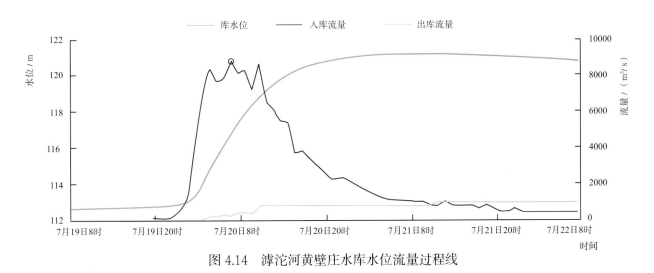

图4.14　滹沱河黄壁庄水库水位流量过程线

4.5 珠江流域

珠江流域共有 61 条河流发生超警洪水，其中西江发生 1 次编号洪水，北江干流先后 7 次超警，海南南渡江 2 次全线超警。

4.5.1 西江 6 月中旬出现 2016 年第 1 号洪水

西江中游干流武宣水文站（广西来宾）6 月 16 日 20 时水位涨至 55.82 m，超警 0.12 m，为西江 2016 年第 1 号洪水，见图 4.15；干流控制站梧州水文站（广西梧州）6 月 18 日 10 时洪峰水位 19.86 m，超警 1.36 m，相应流量 32400 m³/s。

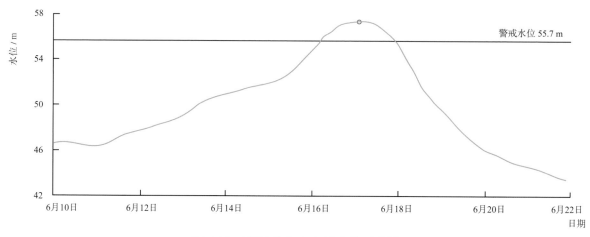

图 4.15　西江武宣水文站水位过程线

4.5.2 北江干流 4—6 月发生 7 次超警洪水

北江 4—6 月先后发生 7 次超警洪水，其中 4 月 2 次，5 月 3 次，6 月 2 次，以 5 月 22 日为最大，见图 4.16；中游干流英德水位站（广东英德）5 月 22 日 17 时洪峰水位 28.18 m，超警 2.18 m。

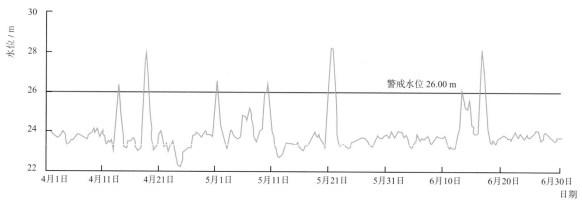

图 4.16　北江英德水文站水位过程线

4.5.3 海南南渡江 2 次全线超警

海南南渡江 8 月和 10 月两度全线超警，以 8 月 18—19 日为最大。上游干流福才水文站（海南白沙）8 月 18 日 15 时洪峰水位 201.30 m，超警 5.30 m，相应流量 3740 m³/s，水位、流量均列 1958 年有实测记录以来第 3 位，重现期超过 20 年；下游干流控制站龙塘水文站（海南海口）8 月 19 日 13 时 30 分洪峰水位 13.35 m，超警 1.85 m，相应流量 4980 m³/s，见图 4.17。

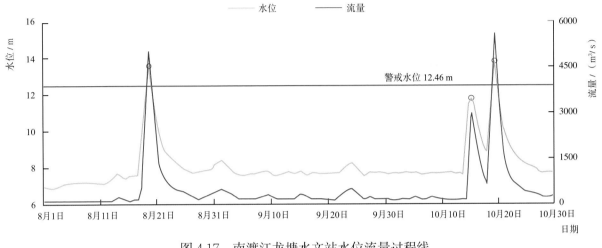

图 4.17　南渡江龙塘水文站水位流量过程线

4.6 松辽流域

辽河上游东辽河发生超 20 年一遇洪水，吉林图们江、黑龙江乌苏里江等两条界河发生大洪水。

4.6.1 辽河上游东辽河发生超 20 年一遇洪水，支流清河发生有记录以来第 3 位洪水

辽河上游支流东辽河辽源水文站（吉林辽源）7 月 26 日 3 时洪峰流量 860 m³/s，列 1970 年有实测记录以来第 3 位（历史最大流量 1420 m³/s，1994 年 8 月），重现期超过 20 年，见图 4.18；中游支流清河清河水库（辽宁铁岭）7 月 26 日 1 时最大入库流量 1180 m³/s，列 1978 年有实测记录以来第 3 位（历史最大流量 2220 m³/s，1995 年 7 月）。

4.6.2 9 月上旬吉林图们江干流全线超警，上游发生超百年一遇特大洪水

图们江上游干流南坪水文站（吉林延边，集水面积 6745 km²）8 月 31 日 7 时 30 分洪峰水位 440.74 m，超过保证水位 1.58 m，相应流量 4460 m³/s，见图 4.19，水位、流量均列 1957 年有实测记录以来第 1 位（历史最高水位 438.97 m，1986 年 8 月；历史最大流量 2290 m³/s，1965 年 8 月）；其下游开山屯水文站（吉林龙井）8 月 31 日 23 时洪峰水位 150.50 m，超过保证水位 1.90 m，相应流量 5250 m³/s，水位、流量均列 1959 年有实测记录以来第 1 位（历史最高水位 148.60 m，最大流量 2830 m³/s，1986 年 8 月）。

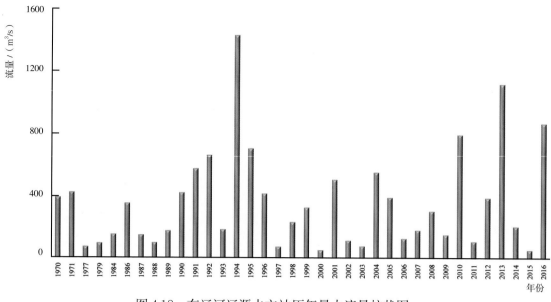

图 4.18　东辽河辽源水文站历年最大流量柱状图

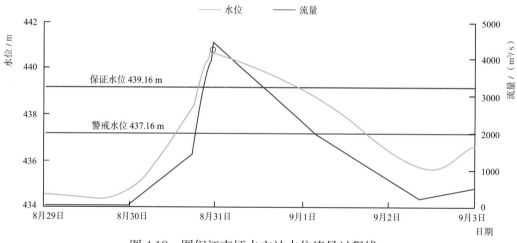

图 4.19　图们江南坪水文站水位流量过程线

图们江中游干流河东水文站（吉林图们）9月1日8时30分洪峰水位68.68 m，超保0.22 m，相应流量7630 m³/s，水位、流量分别列1958年有实测记录以来第2、第3位（历史最高水位69.18 m，1965年8月；历史最大流量9280 m³/s，1965年8月）。

图们江下游干流圈河水文站（吉林珲春）9月1日20时洪峰水位11.77 m，超警0.98 m，相应流量8740 m³/s，水位、流量分别列自1959年有实测记录以来第2、第4位（历史最高水位11.79 m，1986年8月；历史最大流量11300 m³/s，1965年8月）。

4.6.3　9月中旬黑龙江乌苏里江干流全线超警，上游发生超30年一遇大洪水

乌苏里江上游控制站虎头水位站（鸡西虎林）9月13日15时洪峰水位54.88 m，超保0.83 m，见图4.20，列1951年有实测记录以来第1位（历史最高水位54.85 m，1989年8月），重现期超过30年；中游控制站饶河水位站（双鸭山饶河）17日23时洪峰水位98.61 m，超保0.41 m，列1956年有实测记录以来第2位（历史最高水位99.35 m，1971年8月）；下游控制站海青水位站（佳木斯抚远）23日7时洪峰水位100.37 m，超警0.07 m。

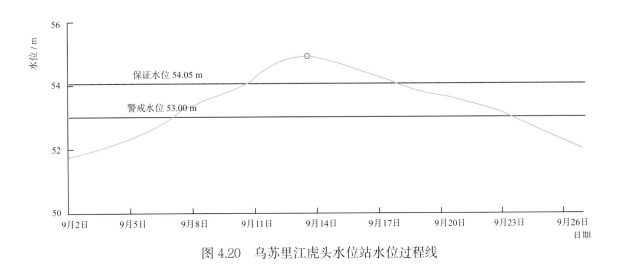

图 4.20　乌苏里江虎头水位站水位过程线

4.7　太湖流域及东南诸河

太湖发生 1954 年以来历史第 2 高水位的流域性特大洪水，周边河网水位全面超警，江苏省 15 站水位超历史；浙江钱塘江、福建闽江发生了超警洪水。受 2016 年第 1 号台风"尼伯特"影响，闽江支流梅溪发生超历史洪水。

入梅前，太湖水位分别于 6 月 3 日和 6 月 12 日两度超警，6 月 3 日 9 时，太湖水位超警 0.01 m，为太湖 2016 年第 1 号洪水。进入梅雨期，太湖水位持续上涨，6 月 20 日水位第 3 次超警，7 月 8 日最高水位达 4.87 m，超保 0.22 m，列 1954 年有实测记录以来第 2 位，仅低于 1999 年的历史最高水位（4.97 m）0.10 m，累计超警历时 62 天，为 1999 年以来最长。另外，受台风登陆和冷空气影响，10 月太湖水位又两度超警，超警幅度达 0.08~0.32 m，见图 4.21。

太湖周边河网一度有 64 站水位超警，其中 33 站水位超保，江苏常州、苏州、无锡等地 15 站水位超过历史最高，见图 4.22 和表 4.3。

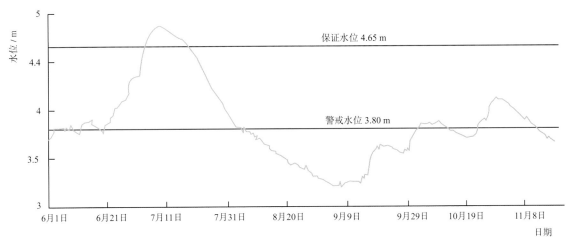

图 4.21　2016 年太湖平均水位过程线

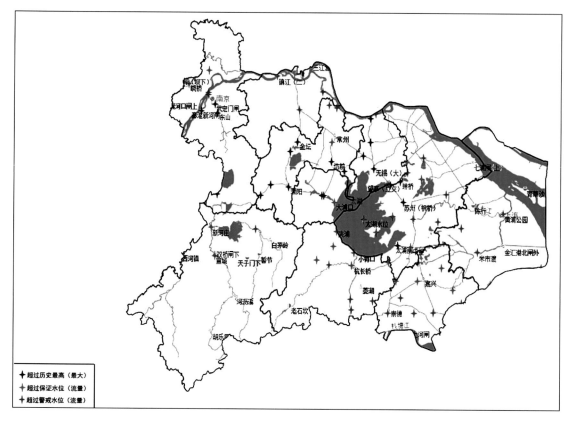

图 4.22   2016 年梅雨期太湖流域超警站点分布图

表 4.3   太湖流域主要河道闸坝站洪水特征值表

水利分区	河流	站名	2016 年洪水			历史最大洪水	
			最高水位/m	出现时间	历史排位	水位/m	出现时间
湖西区	太湖水位		4.87	7 月 8 日 20:00	2	4.97	1999 年 7 月
	西氿	宜兴（西）	5.54	7 月 6 日 01:00	1	5.3	1991 年 7 月
	宜溧漕河	溧阳	6.29	7 月 5 日 10:00	1	6.00	1991 年 7 月
	南河	河口	7.74	7 月 3 日 17:00	1	7.42	1999 年 7 月
	南河	南渡	7.03	7 月 3 日 22:00	1	6.66	1999 年 7 月
	太滆运河	坊前	5.80	7 月 6 日 06:00	1	5.43	1991 年 7 月
	金溧漕河	王母观	6.55	7 月 5 日 17:00	1	6.12	1991 年 7 月
	洮滆运河	黄埝桥	5.20	7 月 3 日 16:00	1	5.14	1991 年 7 月
	丹金漕河	金坛	6.65	7 月 5 日 15:00	1	6.54	2015 年 6 月
武澄锡虞区	大运河	无锡（大）	5.28	7 月 3 日 10:00	1	5.18	2015 年 6 月
	大运河	洛社	5.37	7 月 3 日 08:15	1	5.36	2015 年 6 月
	锡澄运河	青阳	5.34	7 月 3 日 07:25	1	5.32	2015 年 6 月
	琳桥港	琳桥	4.71	7 月 3 日 08:30	1	4.68	2015 年 6 月
	大运河	望亭（大）	5.03	7 月 3 日 11:00	1	4.83	2015 年 6 月
	锡澄运河	定波闸	5.24	7 月 3 日 15:30	1	5.20	2015 年 6 月
阳澄淀泖区	大运河	苏州（枫桥）	4.82	7 月 2 日 10:20	1	4.60	1999 年 7 月

钱塘江上游干流控制站兰溪水文站（浙江兰溪）6月30日0时50分洪峰水位29.79 m，超警1.79 m，相应流量9720 m³/s。

闽江干流延福门水位站（福建南平）6月19日2时洪峰水位70.43 m，超警1.93 m，其下游水口水库（福建福州）19日2时10分最大入库流量19500 m³/s。受第1号台风"尼伯特"影响，闽江支流梅溪闽清水文站（福建福州，集水面积934km²）7月9日15时30分洪峰水位26.48m，超保5.18m，列1989年有实测记录以来第1位（历史最高水位24.29m，1998年6月）。

4.8 内陆河及其他河流

新疆、青海、甘肃3省（自治区）近50条河流发生超警戒流量洪水，其中新疆遭遇1999年以来最大洪水。

4.8.1 新疆

新疆塔里木河、叶尔羌河、和田河、伊犁河、玛纳斯河等35条河流发生超警戒流量洪水，其中和田河、伊犁河等17条河流洪水超保证流量，内陆河流玛纳斯河、白杨河等4条河流洪水超（平）历史最大流量，见表4.4。

表4.4 新疆2016年8月主要超警河流统计表

流域	水系	河流	站名	2016年洪水			历史最大洪水	
				洪峰流量/(m³/s)	出现日期	历史排位	流量/(m³/s)	出现时间
伊犁河	伊犁河	干流	雅马渡	1920	8月3日	5	2430	1999年7月
		干流	三道河子	2020	8月4日	2	2290	1999年7月
		特克斯河	卡甫其海	1330	8月2日	6	2210	1999年7月
		库克苏河	库克苏	1270	8月1日	2	1290	2010年7月
		巩乃斯河	则克台	297	8月2日	2	333	1998年5月
塔里木河	叶尔羌河	提兹那甫河	江卡	444	8月29日	12	1210	1999年8月
		干流	库鲁克栏干	2130	8月11日	15	6670	1961年9月
	和田河	玉龙喀什河	黑山	1070	8月8日	3	1170	1978年7月
		喀拉喀什河	托满	740	8月8日	1	607	1957年7月
	渭干河	木扎提河	托克逊	2180	8月1日	1	2180	2002年7月
		黑孜河	黑孜	1180	8月1日	3	1830	2010年7月
	塔里木河	干流	阿拉尔	1490	8月8日	18	2280	1999年8月
其他	玛纳斯河	玛纳斯河	煤窑	884	8月2日	1	822	1999年8月
	白杨河	白杨河	白杨河	300	8月2日	1	150	1994年7月
	阿克苏河	台兰河	台兰	500	8月1日	6	855	1999年7月

伊犁河支流库克苏河库克苏水文站（伊犁特克斯）8月1日16时洪峰流量1270 m³/s，超过保证流量（700 m³/s），列1958年有实测记录以来第2位（历史最大流量1290 m³/s，

2010 年 7 月）；干流三道河子水文站（伊犁霍城）8 月 4 日 14 时洪峰流量 2020 m³/s，超过保证流量（1800 m³/s），列 1985 年有实测记录以来第 2 位（历史最大流量 2290 m³/s，1999 年 7 月），见图 4.23。

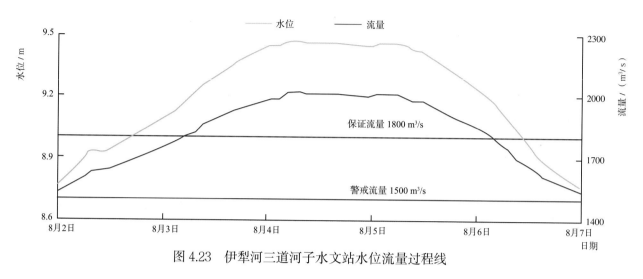

图 4.23　伊犁河三道河子水文站水位流量过程线

塔里木河的渭干河支流木扎提河托克逊水文站（阿克苏拜城）8 月 1 日 14 时 30 分洪峰流量 2180 m³/s，超过保证流量（1000 m³/s），列 1986 年有实测记录以来第 1 位（历史最大流量 2180 m³/s，2002 年 7 月）；和田河支流喀拉喀什河托满水文站（新疆和田）8 月 8 日 5 时洪峰流量 740 m³/s，超过警戒流量（700 m³/s），列 1957 年有实测记录以来第 1 位（历史最大流量 607 m³/s，1957 年 7 月）；塔里木河干流阿拉尔水文站（新疆阿拉尔）8 月 8 日 8 时洪峰流量 1490 m³/s，超过警戒流量（1300 m³/s）。

玛纳斯河干流煤窑水文站（塔城沙湾）8 月 2 日 1 时 30 分洪峰流量 884 m³/s，超过保证流量（600 m³/s），列 1954 年有实测记录以来第 1 位（历史最大流量 822 m³/s，1999 年 8 月）。

4.8.2　青海

巴音河德令哈水文站（海西德令哈）8 月 23 日 13 时洪峰流量 213 m³/s，超过警戒流量（160 m³/s），列 1960 年有实测记录以来第 8 位（历史最大流量 462 m³/s，2006 年 7 月）。

格尔木河格尔木水文站（海西格尔木）8 月 24 日 9 时 54 分洪峰流量 379 m³/s，超过警戒流量（300 m³/s），列 1990 年有实测记录以来第 2 位（历史最大流量 500 m³/s，2010 年 7 月）。

4.8.3　甘肃

黑河中游干流高崖水文站（甘肃张掖）8 月 22 日 7 时 48 分洪峰水位 1427.90 m，超警 0.50 m，相应流量 532 m³/s。

疏勒河干流潘家庄水文站（甘肃酒泉）8 月 23 日 19 时 30 分洪峰流量 232 m³/s，超过保证流量（202 m³/s）。

附录 A 2016年全国主要江河、水库特征值表

附表 A.1 2016年全国主要江河控制站年最高水位和最大流量统计表

流域	河名	站名	2016年最高水位 数值/m	2016年最高水位 出现日期	2016年最大流量 数值/(m³/s)	2016年最大流量 出现日期	警戒水位/m	保证水位/m	历史最高水位 数值/m	历史最高水位 出现时间	历史最大流量 数值/(m³/s)	历史最大流量 出现时间
珠江	南盘江	天生桥	441.72	3月11日	1130	3月11日			447.50	2001年7月	6110	1997年7月
	红水河	迁江	74.77	6月17日	7330	6月17日	81.70		87.99	1988年9月	18400	1988年8月
	浔江	江口	33.80	6月18日	30600	6月18日	31.70		38.28	2005年6月	43900	1994年6月
	西江	梧州	19.86	6月18日	32000	6月18日	18.50		27.80	1915年7月	54500	1915年7月
	北盘江	盘江桥						592.35	582.20	1985年6月	6350	1985年6月
	柳江	柳州	83.88	6月16日	17000	6月16日	82.50	91.20	93.10	1996年7月	33700	1996年7月
	郁江	贵港	39.28	8月20日	6980	8月20日	41.20		46.93	2001年7月	16000	2001年7月
	北流河	金鸡	34.21	5月21日	3960	5月21日	31.20		38.39	1995年10月	6830	1970年8月
	桂江	昭平	61.66	5月8日	9210	5月8日	58.00		65.13	2008年6月	14000	2008年6月
	北江	石角	8.26	3月22日	11500	3月22日	11.00	14.60	14.68	1994年6月	17400	2006年7月
	东江	博罗	5.69	10月22日	6030	10月22日	11.20		15.68	1959年6月	12800	1959年6月
	南流江	常乐	14.95	1月29日	1640	1月29日	16.00		18.77	1967年8月	4860	1967年8月
	韩江	潮安	13.15	4月14日	5890	3月22日	13.50		16.95	1964年6月	13300	1960年6月
	万泉河	加积	8.05	10月18日	4180	10月18日	9.86		11.90	1970年10月	10100	1970年10月
长江	长江	寸滩	176.12	11月1日	29500	7月20日	180.50	183.50	192.78	1905年8月	85700	1981年7月
	长江	沙市	41.37	7月21日	29600	7月21日	43.00	45.00	45.22	1998年8月	53700	1998年8月
	长江	螺山	33.37	7月7日	52200	7月7日	32.00	34.01	34.95	1998年8月	78800	1954年8月
	长江	汉口	28.37	7月7日	58300	7月9日	27.30	29.73	29.73	1954年8月	76100	1954年8月
	长江	九江	21.68	7月9日	66700	7月8日	20.00	23.25	23.03	1998年8月	75000	1996年7月
	长江	大通	15.66	7月8日	70700	7月11日	14.40	17.10	16.64	1954年8月	92600	1954年8月
	岷江	高场	283.55	7月6日	14500	7月6日	285.00	288.00	290.12	1961年6月	34100	1961年6月
	沱江	富顺	265.47	7月10日	1960	7月10日	268.50	272.30	272.50	2012年7月	8680	2012年7月
	嘉陵江	北碚	181.30	7月1日	7110	7月1日	194.50	199.00	208.17	1981年7月	44800	1981年7月
	乌江	武隆	196.09	6月28日	15300	6月28日	193.00	199.50	204.63	1999年6月	22800	1999年6月
	清江	长阳	82.17	7月20日					84.50	1971年6月	20800	1994年6月
	湘江	湘潭	37.25	6月16日	15100	6月16日	38.00	39.50	41.95	1994年6月		

续表

流域	河名	站名	2016年最高水位 数值/m	2016年最高水位 出现日期	2016年最大流量 数值/(m³/s)	2016年最大流量 出现日期	警戒水位/m	保证水位/m	历史最高水位 数值/m	历史最高水位 出现时间	历史最大流量 数值/(m³/s)	历史最大流量 出现时间
长江	资水	桃江	43.29	7月5日	9160	7月4日	39.20	42.30	44.44	1996年7月	15300	1955年8月
	沅江	桃源	41.02	7月6日	13100	6月29日	42.50	45.40	46.90	1996年7月	29100	1996年7月
	澧水	石门	75.72	11月25日	9050	6月28日	58.50	61.00	62.66	1998年7月	19900	1998年7月
	洞庭湖	城陵矶	34.47	7月8日			32.50	34.55	35.94	1998年8月		
	汉江	仙桃	31.35	7月22日	2920	7月23日	35.10	36.20	36.24	1984年9月	14600	1964年10月
	乐安河	虎山	25.71	6月4日	3060	6月4日	26.00		31.18	2011年6月	10100	1967年6月
	信江	梅港	25.61	5月10日	6650	5月10日	26.00		29.84	1998年6月	13800	2010年6月
	抚河	李家渡	30.18	5月10日	6560	5月10日	30.50	33.08	33.08	1998年6月	11100	2010年6月
	赣江	外洲	22.34	7月20日	11900	3月25日	23.50	25.88	25.60	1982年6月	21500	2010年6月
	饶河	万家埠	27.99	7月5日	3740	7月5日	27.00	29.00	29.68	2005年9月	5600	1977年6月
	鄱阳湖	湖口	21.33	7月11日			19.50	22.50	22.59	1998年7月		
太湖及浙闽地区	太湖	平均水位	4.87	7月8日			3.80	4.65	4.97	1999年7月		
	衢江	衢州	61.42	6月29日	3420	6月29日	61.20	63.70	65.75	1955年6月	7620	1955年6月
	金华江	金华	36.06	6月29日	3720	6月29日	35.50	37.00	37.23	1962年9月	5960	1962年9月
	兰江	兰溪	29.79	6月30日	9900	6月29日	28.00	31.00	33.49	1955年6月	12500	2011年6月
	分水江	分水江	22.11	5月29日	2570	5月29日	23.00	24.50	25.07	2008年6月	4770	2013年6月
	浦阳江	诸暨	11.08	6月29日	1150	5月7日	10.64	12.14	13.01	1956年8月	1490	1956年8月
	曹娥江	嵊州	15.55	6月29日			16.10	19.10	65.75	1955年6月	7620	1955年6月
	闽江	竹岐	8.39	5月10日			9.80	12.80	14.71	1998年6月	33800	1998年6月
	沙溪	沙县	106.86	6月18日	320	6月18日	106.50	109.60	111.29	1994年5月	7650	1994年5月
	富屯溪	洋口	113.22	5月8日	9370	5月8日	109.30	112.60	115.15	1998年6月	13200	1998年6月
	建溪	七里街	99.06	5月9日	10200	5月9日	95.00	98.00	106.23	1998年6月	21600	1998年6月
	大樟溪	永泰	35.12	9月15日	906	9月17日	31.00	34.50	37.62	1960年6月	11400	1960年6月
淮河	淮河	息县	39.13	7月21日	3250	7月21日	41.50	43.00	45.29	1968年7月	15000	1968年7月
	淮河	王家坝	27.86	7月22日	6200①	7月22日	27.50	29.30	30.35	1968年7月	17600	1968年7月

续表

流域	河名	站名	2016年最高水位 数值/m	2016年最高水位 出现日期	2016年最大流量 数值/(m³/s)	2016年最大流量 出现日期	警戒水位/m	保证水位/m	历史最高水位 数值/m	历史最高水位 出现时间	历史最大流量 数值/(m³/s)	历史最大流量 出现时间
淮河	淮 河	涡河集(陈郢)	24.29	7月6日	2800	7月2日	25.30	27.70	27.82	2007年7月	8300	1954年7月
	淮 河	鲁台子	22.68	7月7日	4820	7月6日	24.00	26.50	26.80	2003年7月	12700	1954年7月
	淮 河	蚌埠(吴家渡)	18.18	7月8日	4470	7月8日	20.30	22.60	22.18	1954年8月	11600	1954年8月
	洪汝河	班台(总)	28.52	7月22日	463	7月21日	33.50	35.63	37.39	1975年8月	6610	1975年8月
	史灌河	蒋家集	31.14	7月3日	1800	7月2日	32.00	33.24	33.39	2003年7月	5900	1969年7月
	颍 河	阜阳闸	28.68	1月14日			30.50	32.52	32.52	1975年7月	3310	1965年7月
	沙 河	横排头	55.49	7月1日			52.80	56.06	56.04	1969年7月	6420	1969年7月
	涡 河	蒙城闸	25.49	10月28日			26.35	27.40	27.10	1963年8月	2080	1963年8月
	洪泽湖	蒋坝	13.98	12月5日			13.50		15.23	1954年8月		
黄河	沂 河	临沂	60.52	1月20日	829	7月22日	64.05	66.56	65.65	1957年7月	15400	1957年7月
	黄 河	唐乃亥	2516.52	7月12日	1290	7月12日	3000③	6500③	2520.38	1981年9月	5450	1946年9月
	黄 河	兰州	1513.45	8月23日	1930	8月23日	5000③	7600③	1516.85	1981年9月	5900	1967年8月
	黄 河	龙门	383.00	2月2日	3150	8月16日	5000③	11000③	387.58	2000年2月	21000	1977年8月
	黄 河	潼关	327.99	7月20日	2360	7月20日			332.65	1961年10月	15400	1958年7月
	黄 河	花园口	90.87	7月25日	1670	7月25日	93.85	95.17	94.73	1996年8月	22300	1958年7月
	黄 河	利津	11.67	7月28日	1530	7月28日	14.24	16.76	15.31	1955年1月	10400	1964年7月
	洮 河	红旗	1745.64	6月2日	219	6月2日	1748.60	1750.00	1749.27	1978年9月	2370	1999年7月
	湟 水	民和	1764.07	8月23日	294	8月23日					1260	1989年8月
	大通河	享堂	1153.44	9月1日	455	9月1日					1540	1976年8月
	窟野河	温家川	9.90	8月15日	451	8月18日			15.40	1976年8月	14000	1977年8月
	无定河	白家川	6.28	8月16日	500	8月16日			11.40	1977年8月	3840	1954年9月
	汾 河	河津	376.66	7月24日	480	7月24日	700③	1750③	376.80	1996年8月	3320	1954年8月
	渭 河	华县	336.81	7月13日	550	7月13日	3000③	8530③	342.76	2003年9月	7660	1933年8月
	泾 河	张家山	424.10	7月12日	669	7月12日	429.50	433.50	451.98	1933年8月	9200	1994年9月
	北洛河	状头	363.41	8月17日	218	8月17日	370.10	371.60	408.81	1953年8月	6280	1958年7月
	伊洛河	黑石关	109.26	10月30日	210	7月20日	111.50	113.50	115.53	1982年8月	9450	1982年8月
	沁 河	武陟	104.92	7月22日	420	7月22日	107.00	109.00	108.83	1982年8月	4130	1982年8月

续表

流域	河名	站名	2016年最高水位 数值/m	2016年最高水位 出现日期	2016年最大流量 数值/(m³/s)	2016年最大流量 出现日期	警戒水位/m	保证水位/m	历史最高水位 数值/m	历史最高水位 出现时间	历史最大流量 数值/(m³/s)	历史最大流量 出现时间
海河	海河	海河闸	3.86	7月21日			4.18	5.06	3.73	1977年8月		
	白河	张家坟	183.67	7月21日	885	7月21日			185.36	1998年7月	2580	1998年7月
	潮河	下会	174.39	7月24日	36.2	7月24日			178.13	1976年7月	2490	1976年7月
	洋河	响水堡	557.15	10月18日	10.8	10月18日			559.43	1948年8月	1270	1979年8月
	桑干河	石匣里	1680.10	12月29日	28.8	10月22日			823.86	2011年6月	2700	1953年8月
	拒马河	张坊	104.63	7月20日	166	7月20日			110.40	1963年8月	9920	1963年8月
	潴泷河	小觉	266.10	7月20日	674	7月20日			268.40	1999年8月	2410	1956年8月
	漳河	观台	156.29	7月19日	5200	7月19日			157.75	1996年8月	9200	1956年8月
	南运河	临清	33.02	7月30日	457	7月29日	35.51	38.05	37.84	1963年8月	2540	1963年8月
辽河	嫩江	江桥	136.22	9月24日	938	9月24日	139.70	141.44	142.37	1998年8月	26400	1998年8月
	第二松花江	扶余	132.51	6月14日	1770	6月14日	133.56	134.81	134.80	1956年8月	6750	1956年8月
	松花江	哈尔滨	116.60	10月3日	2290	7月8日	118.10	120.30	120.89	1998年8月	16600	1998年8月
	松花江	佳木斯	76.60	6月26日	5820	6月26日	79.30	80.50	80.63	1960年8月	18400	1960年8月
	辽河	铁岭	57.78	7月26日	1570	7月26日	59.59	61.69	60.52	1995年7月	14200	1951年8月
	西辽河	郑家屯	113.71	7月1日	18.5	6月27日	116.56	117.47	116.64	1962年8月	1760	1962年8月
	东辽河	王奔	108.66	9月19日	153	9月19日	109.79	110.79	113.42	1986年7月	1800②	1986年7月
西部地区河流	尼洋河	八一	10.28	7月27日		7月27日			10.55	1998年8月		
	雅鲁藏布江	奴下	9.86	7月27日	7210	7月27日			12.56	1998年8月	13100	1998年8月
	塔里木河	阿拉尔	9.30	8月8日	1490	8月8日	1300③	1700③			2280	1999年8月
	伊犁河	三道河子	9.47	8月4日	2020	8月4日					2290	1999年7月
	黑河	莺落峡	1678.30	8月21日	684	8月21日	1678.45	1679.20	1679.09	1996年8月	1300	1996年8月
	澜沧江	允景洪	537.95	8月6日	2850	8月6日	543.46	544.77	552.22	1966年9月	12800	1966年9月
	怒江	道街坝	669.20	7月25日	6600	7月25日	669.54	670.98	671.75	1979年1月	10400	1979年1月

注　深色部分为超过警戒水位站点。
① 该值为王家坝闸总流量（含淮河干流、彭岗和王家坝闸流量）。
② 该值为洪水调查还原流量。
③ 该值为警戒流量或保证流量，m³/s。

附表 A.2 2016 年全国主要江河控制站年最低水位和最小流量统计表

流域	河名	站名	2016年最低水位 数值/m	2016年最低水位 出现日期	2016年最小流量 数值/(m³/s)	2016年最小流量 出现日期	历史最低水位 数值/m	历史最低水位 出现时间	历史最小流量 数值/(m³/s)	历史最小流量 出现时间
珠江	南盘江	天生桥	438.43	11月3日	78	11月3日	437.56	1999年2月	0	1998年12月
	红水河	迁江	58.43	11月17日	297	11月17日	57.76	2004年1月	179	1989年3月
	浔江	江口	20.93	11月1日	1510	11月1日	18.49	2004年1月	607	1989年12月
	西江	梧州	2.65	10月17日	992	10月15日	1.42	2012年1月	664	2009年12月
	北盘江	盘江桥			100	10月29日	557.87	1960年5月	1119	2013年2月
	柳江	柳州	76.61	4月23日			68.87	1999年3月	59.8	1999年3月
	郁江	贵港	30.45	5月11日	210	11月4日	26.18	1964年1月	56	2007年2月
	北流河	金鸡	26.10	5月12日	2.8	6月23日	25.84	1954年11月	0	2011年2月
	桂江	昭平	53.42	2月19日	30.2	11月5日	46.03	1994年2月	12.2	2008年1月
	北江	石角	-1.60	12月29日	17.2	11月14日	-0.64	2011年12月	57	1960年3月
	东江	博罗	-0.26	1月4日	32.2	11月8日	-0.92	2012年3月	15	2013年2月
	南流江	常乐	11.00	1月4日	27.5	1月4日	11.48	2013年3月	5.37	1989年12月
	韩江	潮安	10.80	9月15日	2.33	3月27日	4.96	2005年2月	12.6	2013年6月
	万泉河	加积	-0.30	4月25日	0.41	4月25日	0.32	2013年2月	1.5	1976年7月
长江	长江	寸滩	161.85	5月6日	3760	2月16日	158.08	1987年3月	2060	1937年4月
	长江	沙市	30.30	12月25日	5860	12月25日	30.02	2003年2月	3260	2003年2月
	长江	螺山	19.58	12月20日	9570	12月18日	15.56	1960年2月	4060	1963年2月
	长江	汉口	14.55	12月22日	10600	12月22日	10.08	1865年2月	2930	1865年2月
	长江	九江	9.37	12月23日	11400	12月19日	6.48	1901年2月	5850	1999年3月
	长江	大通	5.48	12月24日	14000	12月26日	3.14	1961年2月	4620	1979年1月
	岷江	高场	274.55	2月6日	575	2月6日	274.22	1980年2月	364	1980年2月
	沱江	富顺	261.18	11月23日	18.4	11月23日	261.07	2004年4月	0.12	2004年4月
	嘉陵江	北碚	172.73	10月6日	264	3月6日	166.86	2010年3月	87.4	2007年2月
	乌江	武隆	168.82	10月5日	311	12月29日	167.11	2008年1月	55.3	2008年1月

续表

流域	河名	站名	2016年最低水位 数值/m	2016年最低水位 出现日期	2016年最小流量 数值/(m³/s)	2016年最小流量 出现日期	历史最低水位 数值/m	历史最低水位 出现时间	历史最小流量 数值/(m³/s)	历史最小流量 出现时间
长江	清江	长阳	76.85	4月10日			70.95	1999年3月	1	1994年11月
	湘江	湘潭	27.30	1月4日	422	11月12日	26.05	2011年12月	100	1966年10月
	资水	桃江	31.51	1月1日	62.4	1月1日	31.66	2013年8月	15.5	1964年9月
	沅江	桃源	29.71	12月4日	180	9月1日	30.52	2008年1月	3.99	2010年1月
	澧水	石门	49.95	10月11日	9.5	10月11日	48.67	1990年12月	1	1996年1月
	洞庭湖	城陵矶	20.66	12月20日			17.03	1907年1月		
	汉江	仙桃	23.18	1月8日	427	1月8日	22.33	2000年5月	180	1958年3月
	乐安河	虎山	18.67	12月19日	9.1	8月14日	19.53	1978年9月	4.8	1967年10月
	信江	梅港	17.01	11月8日	136	11月8日	16.50	2013年11月	4.14	1997年1月
	抚河	李家渡	22.28	8月23日	8.49	8月20日	22.37	2013年8月	0.06	1967年9月
	赣江	外洲	11.16	12月22日	86.3	12月22日	11.94	2013年11月	172	1963年11月
	潦河	万家埠	19.39	12月6日	23.9	12月6日	19.45	2013年12月	0	2009年1月
	鄱阳湖	湖口	8.70	12月23日			5.90	1963年11月		
太湖及浙闽地区	大湖	平均水位	3.06	3月7日			2.37	1978年9月		
	衢江	衢州	55.79	1月2日	245	1月1日	55.39	1967年10月	0.1	1967年10月
	金华江	金华	29.56	8月30日	9.6	8月22日	29.88	1999年11月	0①	1978年9月
	兰江	兰溪	21.84	8月16日	70.1	8月28日	20.68	1967年10月	0①	1978年7月
	分水江	分水江	16.52	9月25日	0.12	3月1日	16.68	2010年11月	0.681	2011年12月
	浦阳江	诸暨	6.93	7月9日	0	8月21日	4.23	1967年11月	0①	1953年5月
	曹娥江	嵊州	11.17	11月7日			55.39	1967年10月	0.1	1967年10月
	闽江	竹岐	-2.18	8月31日	320	8月21日	-0.50	2009年1月	196	1971年8月
	沙溪	沙县	102.05	12月23日	8	12月26日	99.46	2008年1月	0	2012年1月
	富屯溪	洋口	105.11	12月26日			104.77	1990年1月	20	1990年1月
	建溪	七里街	87.29	8月31日	49.5	8月31日	86.86	2009年1月	13	2009年1月

续表

流域	河名	站名	2016年最低水位 数值/m	出现日期	2016年最小流量 数值/(m³/s)	出现日期	历史最低水位 数值/m	出现时间	历史最小流量 数值/(m³/s)	出现时间
大湖及浙闽地区	大樟溪	永泰	27.11	12月14日	2.43	12月22日	24.85	1963年4月	12.4	2004年1月
淮河	淮河	息县	30.05	9月27日	13.8	4月2日	31.03	2012年6月	0①	1957年10月
	淮河	王家坝（总）	20.70	6月21日	53.6	1月10日	17.58	2012年7月	-44	2012年8月
	淮河	润河集（陈郢）	20.05	6月22日	31.4	1月20日	15.27	2001年7月	-84.8	1953年6月
	淮河	鲁台子	17.50	9月27日	24.5	10月8日	15.08	1978年11月	-43.8	1959年9月
	淮河	蚌埠（吴家渡）	11.49	9月25日	28.8	9月2日	10.33	1966年11月	0①	1959年8月
	洪汝河	班台（总）	22.45	9月23日	2.9	9月23日	22.38	2012年1月	-28.9	1987年7月
	史灌河	蒋家集	25.14	9月24日	3.8	9月24日	25.40	2012年8月	0①	1955年6月
	颍河	阜阳闸	26.95	9月24日			21.10	1966年6月	0①	1958年6月
	淠河	横排头	50.58	9月2日			46.74	1967年1月	0①	1966年3月
	涡河	蒙城闸	23.95	9月28日			18.29	1960年3月	-8.9	1955年6月
	洪泽湖	蒋坝	11.39	9月25日			9.68	1966年11月		
	沂河	临沂	57.33	7月26日	0	1月1日	56.86	2010年5月	0	1958年6月
黄河	黄河	唐乃亥	2513.52	1月24日	102	1月24日	2513.30	2011年3月	35.5	2011年5月
	黄河	兰州	1511.21	1月10日	345	1月10日	1510.71	1935年1月	60.2	1961年4月
	黄河	龙门	379.05	11月19日	133	8月13日	371.84	1934年6月	31	2001年7月
	黄河	潼关	325.94	7月5日	102	6月23日	321.38	1935年12月	0.95	2001年7月
	黄河	花园口	88.56	12月30日	197	12月31日	88.52	1962年12月	0	1960年5月
	黄河	利津	9.20	6月19日	64	6月19日	6.73	1960年6月	0②	1974年8月
	洮河	红旗	1744.26	11月13日	1	4月2日	1744.21	1972年12月	13.8	1997年2月
	湟水	民和	1762.18	7月6日	5.97	7月6日	1168.65	1953年6月	0.04	1979年5月

续表

流域	河名	站名	2016年最低水位 数值/m	2016年最低水位 出现日期	2016年最小流量 数值/(m³/s)	2016年最小流量 出现日期	历史最低水位 数值/m	历史最低水位 出现时间	历史最小流量 数值/(m³/s)	历史最小流量 出现时间
黄河	大通河	享堂	1151.26	4月15日	5.23	1月6日	1149.99	1951年3月	0.8	2009年2月
	窟野河	温家川	7.02	4月23日	0.79	7月3日	6.29	2003年8月	0.001	1982年7月
	无定河	白家川	4.19	6月30日	3	7月4日	3.44	1999年7月	0.019	1999年7月
	汾河	河津	370.54	2月27日	0	2月27日	371.31	1998年11月	0①	2009年5月
	渭河	华县	333.76	6月23日	16.3	8月17日	330.84	1935年7月	0.01	2003年6月
	泾河	张家山	402.07	4月1日	1.16	4月1日	420.03	2003年1月	0.69	1994年4月
	北洛河	状头	361.18	7月7日	0.01	7月7日	361.25	2007年6月	0.35	2007年6月
	伊洛河	黑石关	104.87	3月20日	4.93	3月20日	105.2	2013年4月	0①	1981年9月
	沁河	武陟	99.81	4月15日	1.2	4月15日	0.00①	1966年1月	0①	2009年5月
海河	海河	海河闸	1.54	2月19日			-0.05	1978年5月	-794	1963年8月
	白河	张家坟	181.60	7月12日	0.62	7月12日	178.07	1972年6月	0.1	2011年6月
	潮河	下会	173.53	7月18日	0.83	7月18日	164.01	1973年5月	0①	1972年6月
	洋河	响水堡	555.74	1月1日	0.61	6月4日	554.93	2003年1月	0.07	1975年7月
	桑干河	石匣里	822.65	2月6日	0.24	7月6日				
	拒马河	张坊	103.27	6月23日	0.01	6月23日				
	滹沱河	小觉	263.06	8月12日	0.39	2月1日	262.13	1959年5月	0.03	2002年3月
	漳河	观台	148.11	6月29日	0	5月11日	141.81	1952年6月	0①	1983年3月
	南运河	临清	25.85	6月1日	0	3月8日	26.23	1986年10月	0①	2008年6月
松花江及辽河	嫩江	江桥	134.51	5月6日	95.7	1月31日	133.20	2003年6月	9.67	1986年2月
	第二松花江	扶余	128.74	4月17日	163	8月21日	128.76	2003年6月	43.1	1980年12月
	松花江	哈尔滨	114.68	8月19日	300	2月15日	110.07	2003年6月	125	2003年6月
	松花江	佳木斯	72.64	8月28日	357	1月30日	72.44	2003年6月	109	2007年11月
	辽河	铁岭	51.56	7月13日	7.9	3月8日	51.65	2009年2月	0①	1959年3月

续表

流域	河名	站名	2016年最低水位		2016年最小流量		历史最低水位		历史最小流量	
			数值/m	出现日期	数值 /(m³/s)	出现日期	数值/m	出现时间	数值 /(m³/s)	出现时间
松花江及辽河	西辽河	郑家屯	112.19	8月4日	0.09	8月4日	115.09	1965年5月	0①	1965年5月
	东辽河	王奔	106.17	4月15日	3.9	4月15日	105.90	2000年8月	0①	2000年7月
西部地区河流	尼洋河	八一	7.33	10月13日			6.26	1991年5月	220	1997年2月
	雅鲁藏布江	奴下	1.66	3月21日	456	3月11日	1.19	1984年2月		
	塔里木河	阿拉尔	7.90	6月6日	7.62	6月6日			0.42	1959年6月
	伊犁河	三道河子	5.95	4月14日	322	4月14日			72	1995年4月
	黑河	莺落峡	1675.59	1月8日	9.2	3月11日	1674.00	1980年1月	0①	2001年4月
	澜沧江	允景洪	535.09	1月10日	728	1月10日	533.39	1995年4月	74.6	1995年4月
	怒江	道街坝	660.86	2月1日	348	2月1日	660.67	1960年2月	304	1995年2月

① 该水文站断面曾在不同年份多次断流。
② 该水文站断面曾经出现断流。

附表 A.3　2016 年松花江、辽河、海河、黄河流域主要江河控制站各月平均流量统计表

| 流域 | 河名 | 站名 | 2016 年各月平均流量 /（m³/s） | | | | | | | | | | | | 历史最小月平均流量 | |
			1 月	2 月	3 月	4 月	5 月	6 月	7 月	8 月	9 月	10 月	11 月	12 月	数值 /（m³/s）	出现时间
松花江	嫩江	江桥	155	123	139	352	364	442	513	285	662	778	292	130	12.2	1977 年 2 月
	第二松花江	丰满（入库）	193	97	326	637	946	773	591	203	698	285	47	109	0	1974 年 1 月
	松花江	哈尔滨	347	316	379	864	840	1690	1510	673	987	1390	1290	836	10.5	1920 年 1 月
辽河	辽河	铁岭	12.2	9.5	14.4	19.1	66.4	59.6	185	127	165	134	65.9	41.5	0.38	2002 年 1 月
海河	滦河	潘家口（入库）	8.39	8.38	18.8	22.7	22.6	17.6	90.5	65.9	39.7	35.6	40.8	8.71	0.16	2001 年 5 月
	白河	张家坟	3.01	2.83	2.72	7.85	11.8	1.56	31.2	23	26.9	13.8	8.87	5.6	1.03	2002 年 5 月
	潮河	下会	2.36	2.2	2.39	1.93	1.74	1.59	8.55	12.9	7.16	6.45	5.7	4.35	0.01	1972 年 6 月
	洋河	响水堡	0.81	1.27	2.41	2.37	3.23	0.692	1.14	0.951	0.885	4.37	4.69	0.681	0.22	2002 年 12 月
	桑干河	石匣里	1.36	1.08	2.59	1.76	2.42	2.03	2.6	2.63	2.03	8.59	3.66	2.08	0.06	2001 年 7 月
	拒马河	张坊	0.993	0.814	0.111		0.401	0.51	14	10.3	4.44	4.57	3.43	2.29	0	2007 年 7 月
	潴泷河	小觉	0.43	0.458	2.17	6.48	3.88	1.3	52.6	20.7	4.19	3.8	2.02	0.837	0.2	2001 年 1 月
	漳河	观台	0	0	0	0	0	0.107	128	105	41.5	22.1	22.3	12.4	0	2000 年 5 月
	南运河	临清	9.27	5.83	0.111	0	0	0.967	119	134	35.2	19.6	47.3	52.2	0	2000 年 5 月
黄河	黄河	龙羊峡（入库）	136	138	191	299	474	625	711	541	648	773	376	219	81.9	2003 年 1 月
	黄河	兰州	464	439	461	739	948	1080	1020	753	729	949	822	484	228	1963 年 1 月
	黄河	龙门	367	414	639	249	196	231	629	581	707	472	324	460	120	2001 年 7 月
	黄河	潼关	405	431	610	306	272	331	818	692	787	628	468	532	102	1997 年 6 月
	黄河	花园口	397	358	879	807	498	589	1080	613	377	462	401	298	64.4	1960 年 12 月
	渭河	华县	53	52.9	50.6	93.2	96.3	118	166	87.6	73	103	108	59.3	3.5	1979 年 12 月
	伊洛河	黑石关	28.8	33.4	16	23.1	48.1	63.4	74.3	55.4	23.7	30.8	42.3	40.6	5.5	1978 年 5 月

附表 A.4 2016年淮河、长江、珠江及钱塘江、闽江流域主要江河控制站各月平均流量统计表

流域	河名	站名	2016年各月平均流量/(m³/s)												历史最小月平均流量	
			1月	2月	3月	4月	5月	6月	7月	8月	9月	10月	11月	12月	数值/(m³/s)	出现时间
淮河	淮河	王家坝	51.8	77	68.5	97.2	66.7	487	860	175	71.1	245	507	288	0	1959年10月
	淮河	正阳关	120	154	118	253	449	1180	2850	407	97.2	531	1740	572	3.8	1979年1月
	淮河	蚌埠	167	240	231	398	553	1550	2850	415	38.6	1530	2430	759	0	1959年9月
	洪汝河	班台	8.9	9.1	29.9	11.2	11.6	33.2	58.3	34.9	16	35.5	93.7	41.8	0	1966年1月
	史灌河	蒋家集	9.06	26.7	17.6	21.7	25.9	153	654	43.9	10.8	87.8	111	40	0.01	1966年1月
	沂河	临沂	5.36	1	1	1	1	16.3	27.9	52.8	9.2	9.84	19.9	18.3	0.06	1960年3月
长江	长江	寸滩	4960	4800	5510	6770	9430	14200	21100	16300	13500	12300	7830	5140	2250	1915年3月
	长江	宜昌	7910	7270	8400	12800	16600	21600	26700	21100	11100	9700	10600	7500	2770	1865年3月
	长江	汉口	13800	13600	15400	26600	33900	34500	49400	36500	16200	12900	16500	11800	3290	1865年2月
	长江	大通	20600	20500	21100	34700	47100	49800	65600	51000	26400	18400	21500	16900	6730	1963年2月
	嘉陵江	北碚	673	507	556	853	1760	1850	3040	2070	658	1080	1400	784	235	2003年2月
	沅江	桃源	1580	1100	2070	4520	5300	4900	5000	2600	630	454	991	513	206	1956年12月
	湘江	湘潭	2720	2140	3790	6230	5800	4450	2140	1210	1240	968	1250	880	176	1956年12月
	汉江	丹江口(入库)	336	307	464	677	893	1254	1090	893	363	622	688	512	73	1992年2月
	赣江	外洲	2940	3310	4370	6420	6260	5030	3850	2000	1700	1750	2150	1620	254	1956年12月
钱塘江	新安江	新安江(入库)	313	225	241	1210	1170	3110	690	87	145	197	109	104	5.6	1967年12月
闽江	闽江	竹岐	2350	2470	2600	4720	5860	5190	2860	1530	2030	1850	1720	1330	270	1968年1月
珠江	西江	梧州	5820	4660	5720	9290	12500	15800	8510	9070	5110	2550	2570	2300	835	1942年2月
	北江	石角	1850	1620	2120	3220	3620	3480	1370	1600	1110	1040	1150	560	156	2004年1月
	东江	博罗	828	771	1420	2080	1590	1660	906	1270	992	1050	833	672	76.7	1960年2月

附表 A.5　2016 年松花江、辽河、海河、黄河流域主要江河控制站分期平均流量统计表

流域	河名	站名	全年			汛前（1—5月）			汛期（6—9月）			汛后（10—12月）		
			2016年平均流量/(m³/s)	多年平均流量/(m³/s)	距平/%	2016年平均流量/(m³/s)	多年同期平均流量/(m³/s)	距平/%	2016年平均流量/(m³/s)	多年同期平均流量/(m³/s)	距平/%	2016年平均流量/(m³/s)	多年同期平均流量/(m³/s)	距平/%
松花江	嫩江	江桥	353	678	-48	227	209	9	453	1440	-69	400	436	-8
	第二松花江	丰满（入库）	409	404	1	440	283	55	642	747	-14	147	145	1
	松花江	哈尔滨	927	1350	-31	549	658	-17	1140	2330	-51	1170	1190	-2
辽河	辽河	铁岭	75.0	97.7	-23	24.3	37.1	-34	121	205	-41	80.5	42	92
	滦河	潘家口（入库）	31.6	43.3	-27	16.2	16.8	-4	47.3	86.6	-45	28.4	29.8	-5
	白河	张家坟	11.6	14.3	-19	5.6	6.6	-15	18.9	26.9	-30	9.4	10.2	-8
	潮河	下会	4.8	6.2	-23	2.1	2.5	-15	6.4	11.6	-45	5.5	5.0	10
海河	洋河	响水堡	2.0	3.6	-46	2.0	2.4	-16	1.4	4.9	-72	3.2	3.7	-12
	桑干河	石匣里	2.7	3.7	-26	1.8	2.9	-36	2.3	4.3	-46	4.8	4.4	9
	拒马河	张坊	4.2	10.5	-60	0.7	4.4	-83	5.9	20.1	-70	3.4	7.9	-57
	滹沱河	小觉	8.2	3.2	157	2.7	3.2	-16	16.5	2.0	727	2.2	4.9	-55
	漳河	观台	27.6	31.1	-11	0.0	13	-100	54.9	57	-4	18.9	27.4	-31
	南运河	临清	35.3	59.6	-41	3.0	32.7	-91	57.8	92.4	-37	39.7	60.7	-35
黄河	黄河	龙羊峡（入库）	428	628	-32	248	293	-15	600	1100	-45	456	554	-18
	黄河	兰州	741	1010	-27	610	604	1	906	1560	-42	752	930	-19
	黄河	龙门	439	914	-52	373	612	-39	469	1300	-64	419	893	-53
	黄河	潼关	523	1100	-52	405	764	-47	580	1520	-62	543	1090	-50
	黄河	花园口	563	1230	-54	588	779	-25	631	1780	-65	387	1220	-68
	渭河	华县	88.4	195	-55	69.2	106	-35	108	300	-64	90.1	202	-55
	伊洛河	黑石关	40.0	76.5	-48	29.9	45	-34	53.0	110	-52	37.9	83.3	-55

附表 A.6 2016年淮河、长江、珠江及钱塘江、闽江流域主要江河控制站分期平均流量统计表

流域	河名	站名	全年			汛前（1—4月）			汛期（5—9月）			汛后（10—12月）		
			2016年平均流量/(m³/s)	多年平均流量/(m³/s)	距平/%	2016年平均流量/(m³/s)	多年同期平均流量/(m³/s)	距平/%	2016年平均流量/(m³/s)	多年同期平均流量/(m³/s)	距平/%	2016年平均流量/(m³/s)	多年同期平均流量/(m³/s)	距平/%
淮河	淮河	王家坝	250	306	-18	73.6	163	-55	332	592	-44	347	162	114
	淮河	正阳关	706	696	1	161	370	-56	997	1300	-23	948	430	120
	淮河	蚌埠	930	879	6	259	431	-40	1080	1660	-35	1570	573	174
	洪汝河	班台	32.0	80.6	-60	14.8	33.9	-56	31	163	-81	57.0	47.7	19
	史灌河	蒋家集	100	68.3	47	18.8	48.8	-62	178	120	48	79.6	32	149
	沂河	临沂	13.6	67	-80	2.1	13.6	-85	21	163	-87	16.0	27.4	-42
长江	长江	寸滩	10200	11200	-9	5510	3570	54	14900	18300	-19	8420	9200	-8
	长江	宜昌	13400	14100	-5	9110	4860	87	19400	22800	-15	9270	11750	-21
	长江	汉口	23400	23300	0	17400	10900	60	34100	34500	-1	13700	20800	-34
	长江	大通	32800	28900	13	24200	15700	54	48000	42100	14	18900	24100	-22
	嘉陵江	北碚	1310	2060	-36	647	570	14	1880	3550	-47	1240	1510	-18
	沅江	桃源	2470	2020	22	2320	1440	61	3690	3090	19	653	1010	-35
	湘江	湘潭	2740	2030	35	3720	2030	83	2970	2660	12	1030	996	3
	汉江	丹江口（入库）	675	1100	-39	446	495	-10	898	1690	-47	607	911	-33
	赣江	外洲	3450	2140	61	4260	1970	116	3770	2980	27	1840	965	91
钱塘江	新安江	新安江（入库）	633	309	105	497	270	84	1040	373	179	137	255	-46
闽江	闽江	竹岐	2880	1670	72	3040	1420	114	3490	2450	42	1630	702	132
珠江	西江	梧州	6990	6800	3	6370	2680	138	10200	11900	-14	2470	3600	-31
	北江	石角	1890	1340	41	2200	1010	118	2240	2070	8	917	545	68
	东江	博罗	1170	743	57	1280	474	170	1280	1140	12	852	440	94

附表 A.7 2016 年全国重点大中型水库水情特征值统计表

流域	河流	水库	最大入库流量		最大出库流量		最高库水位		
			数值 /(m³/s)	出现日期	数值 /(m³/s)	出现日期	数值 /m	相应蓄水量 /亿m³	出现日期
珠江	北 江	飞来峡	10000	3 月 22 日	9400	3 月 22 日	24.02	4.24	2 月 13 日
	新丰江	新丰江	5730	4 月 26 日	3680	4 月 3 日	114.75	103.30	9 月 13 日
长江	长 江	三 峡	50000	7 月 1 日	31600	7 月 1 日	175.00	393.21	11 月 1 日
	雅砻江	二 滩	4800	9 月 29 日	4660	9 月 30 日	1199.93	57.86	9 月 12 日
	乌 江	乌江渡	2540	7 月 1 日	1190	4 月 8 日	754.78	19.01	7 月 5 日
	清 江	隔河岩	9800	7 月 21 日	6610	7 月 20 日	198.82	29.41	7 月 20 日
	耒 水	东 江	1080	4 月 19 日	471	3 月 27 日	281.33	75.50	6 月 21 日
	资 水	柘 溪	20400	7 月 4 日	6190	7 月 4 日	169.01	29.42	7 月 6 日
	酉 水	凤 滩	13800	6 月 20 日	10600	6 月 29 日	204.90	13.85	8 月 10 日
	沅 江	五强溪	22400	7 月 5 日	12800	6 月 29 日	107.86	30.25	11 月 17 日
	汉 江	安 康	3380	7 月 14 日	1570	5 月 19 日	329.98	25.83	1 月 4 日
	汉 江	丹江口	2910	7 月 20 日	975	8 月 9 日	155.92	166.94	8 月 16 日
	赣 江	万 安	13500	3 月 22 日	9000	3 月 21 日	95.90	11.06	11 月 28 日
	修 河	柘 林	7010	7 月 4 日	3180	7 月 4 日	65.61	52.00	7 月 5 日
太湖及浙闽	新安江	新安江	6030①	6 月 21 日	1610	5 月 29 日	105.04	160.14	7 月 7 日
淮河	宿鸭湖	宿鸭湖	80	7 月 20 日	30	2 月 17 日	53.31	3.08	11 月 2 日
	溮 河	南 湾	2400	7 月 20 日	202	7 月 21 日	103.69	6.98	7 月 21 日
	灌 河	鲇鱼山	3170	7 月 1 日	707	7 月 2 日	108.50	5.80	7 月 2 日
	史 河	梅 山	4760①	7 月 2 日	900	7 月 7 日	129.76	14.72	7 月 2 日
	淠河西源	响洪甸	4110①	7 月 2 日	1000	7 月 4 日	129.41	15.03	7 月 2 日
	淠河东源	佛子岭	2740	7 月 1 日	1990	7 月 2 日	123.12	3.46	4 月 12 日
	新汴河	石梁河	246①	7 月 23 日	83.7	6 月 14 日	24.84	2.87	2 月 21 日

续表

流域	河流	水库	最大入库流量		最大出库流量		最高库水位		
			数值/（m³/s）	出现日期	数值/（m³/s）	出现日期	数值/m	相应蓄水量/亿m³	出现日期
黄河	黄 河	龙羊峡	1290	7月12日	1210	7月4日	2578.28	170.56	11月21日
	黄 河	刘家峡	1340	7月12日	1410	10月27日	1733.77	39.07	4月17日
	黄 河	万家寨	2090	3月23日	2540	3月23日	977.77	3.92	4月17日
	黄 河	三门峡	2360	7月20日	3430	7月21日	318.73	5.52	5月30日
	黄 河	小浪底	3430	7月21日	1630	7月27日	257.59	53.44	12月31日
	大汶河	东平湖	950	7月23日	104	8月22日	42.72	5.25	8月29日
	滦 河	潘家口	522	7月22日	117①	4月28日	211.02	14.31	12月30日
	白 河	密 云	886	7月21日	21.7	9月13日	141.84	16.45	12月23日
	永定河	官 厅	41.5	7月22日	82.5	5月27日	475.66	4.68	12月30日
海河	漳 河	岳 城	378	8月4日	307	7月25日	147.41	6.28	11月25日
	滹沱河	黄壁庄	8800	7月20日	1030	7月21日	121.18	5.24	7月21日
	青龙河	桃林口	1550	7月26日	51	4月1日	138.48	6.51	11月2日
	州 河	于 桥	175①	7月21日	48①	4月17日	20.29	3.32	8月29日
	洋 河	大伙房	1230	8月13日	219	5月5日	129.95	12.90	10月18日
	碧流河	碧流河	200	8月1日	41.9	8月9日	57.74	2.57	9月21日
松花江及辽河	太子河	观音阁	297①	8月14日	150	5月10日	252.46	12.63	9月22日
	第二松花江	白 山	1110	5月5日	999	10月3日	414.15	51.12	11月24日
	第二松花江	丰 满	3510	12月28日	1600	5月27日	255.59	58.47	5月23日

① 日均入（出）库流量。

附录 B 2016 年全国水情大事记

1 月， 水利部水文局派员参加了在美国夏威夷举行的 ESCAP/WMO 台风委员会第 48 届年会。

2 月， 水利部水文局组织完成了 811 个墒情站的田间持水量测定成果审核上报工作。

3 月， 水利部水文局组织召开了全国水利系统 2016 年汛期水文气象长期预测会商会，并与国家气候中心联合组织召开了 2016 年全国气候趋势预测会商会；印发了《防汛抗旱水文要素多年均值计算规定（试行）》。

4 月， 水利部水文局组织完成了全国江河湖泊防洪特征值审查核定和上报工作。

5 月， 宁夏、河北成功举办全自治区（省）首届水文情报预报技术竞赛，提升水文情报预报人员的业务水平。

7 月，《抗洪的日子：探秘抗洪指挥中枢》专题片在中央电视台经济频道《经济半小时》栏目播出，宣传了水文情报预报工作，展示了水文行业无私奉献的精神风貌。

9 月， 水利部水文局派员参加了在韩国首尔举行的 ESCAP/WMO 台风委员会水文工作组第 5 次会议，并派员参加了俄罗斯结雅、布列亚水库的联合考察活动。

10 月， 水利部水文局派员参加了在菲律宾宿雾举行的 ESCAP/WMO 台风委员会第 11 届综合研讨会；组团前往芬兰农业与林业部、瑞典环境与能源部，就双边水文合作进行交流座谈。

11 月， 水利部水文局在北京组织召开了《水情预警信号》（征求意见稿）专家咨询会；组织召开了 2016 年长江、太湖暴雨洪水调查总结工作会议。

12 月， 水利部水文局派员参加了在意大利罗马举行的 WMO 世界气象组织水文学委员会第 15 次届会。

2016 年，受超强厄尔尼诺事件影响，我国汛期来得早、走得晚，洪涝灾害呈现南北并发、多地齐发、局部连发的严峻态势。面对挑战，全国水文部门超前部署，加强监测，昼夜值守，连续奋战，科学研判，及时会商，准确预测预报预警，为有效应对长江、太湖、海河等江河流域大洪水，成功防御"妮妲""莎莉嘉""海马"等强台风，夺取防汛抗旱防台风的全面胜利，提供了重要的支撑和保障，得到了各方充分肯定。

附录 C　名词解释与指标说明

1. 洪水等级：小洪水是指洪水要素重现期小于 5 年的洪水；中洪水是指洪水要素重现期大于等于 5 年、小于 20 年的洪水；大洪水是指洪水要素重现期大于等于 20 年、小于 50 年的洪水；特大洪水是指洪水要素重现期大于等于 50 年的洪水。

2. 编号洪水：大江、大河、大湖及跨省独流入海主要河流的洪峰达到警戒水位（流量）、3~5 年一遇洪水量级或影响当地防洪安全的水位（流量）时，确定为编号洪水。

3. 警戒水位：可能造成防洪工程出现险情的河流和其他水体的水位。

4. 保证水位：能保证防洪工程或防护区安全运行的最高水位。

5. 台风：热带气旋的一个类别，热带气旋中心持续风速达到 12 级即称为台风。通常热带气旋按中心附近地面最大风速划分为 6 个等级，见附表 C.1。

附表 C.1　热带气旋等级划分

名称	低层中心附近最大平均风速 /(m/s)	风力
超强台风	≥ 51.0	≥ 16 级
强台风	41.5~50.9	14~15 级
台风	32.7~41.4	12~13 级
强热带风暴	24.5~32.6	10~11 级
热带风暴	17.2~24.4	8~9 级
热带低压	10.8~17.1	6~7 级

注　引自《热带气旋等级》（GB/T 19201—2006），本书中除特殊说明外，对风力等级为热带风暴及以上量级的热带气旋统称为台风。

6. 降雨等级：降雨分为微量降雨（零星小雨）、小雨、中雨、大雨、暴雨、大暴雨、特大暴雨共 7 个等级，具体划分见附表 C.2。

附表 C.2　降雨等级划分

等级	时段降雨量/mm	
	12h 降雨量	24h 降雨量
微量降雨（零星小雨）	< 0.1	< 0.1
小　雨	0.1 ~ 4.9	0.1 ~ 9.9
中　雨	5.0 ~ 14.9	10.0 ~ 24.9
大　雨	15.0 ~ 29.9	25.0 ~ 49.9
暴　雨	30.0 ~ 69.9	50.0 ~ 99.9
大暴雨	70.0 ~ 139.9	100.0 ~ 249.9
特大暴雨	≥ 140.0	≥ 250.0

注　引自《降水量等级》（GB/T 28592—2012）。

7. 水情预警：指向社会公众发布的洪水、枯水等预警信息，一般包括发布单位、发布时间、水情预警信号、预警内容等。

8. 入汛日期：指当年进入汛期的开始日期。考虑暴雨、洪水两方面因素，入汛日期采用雨量和水位两个入汛指标之一确定。

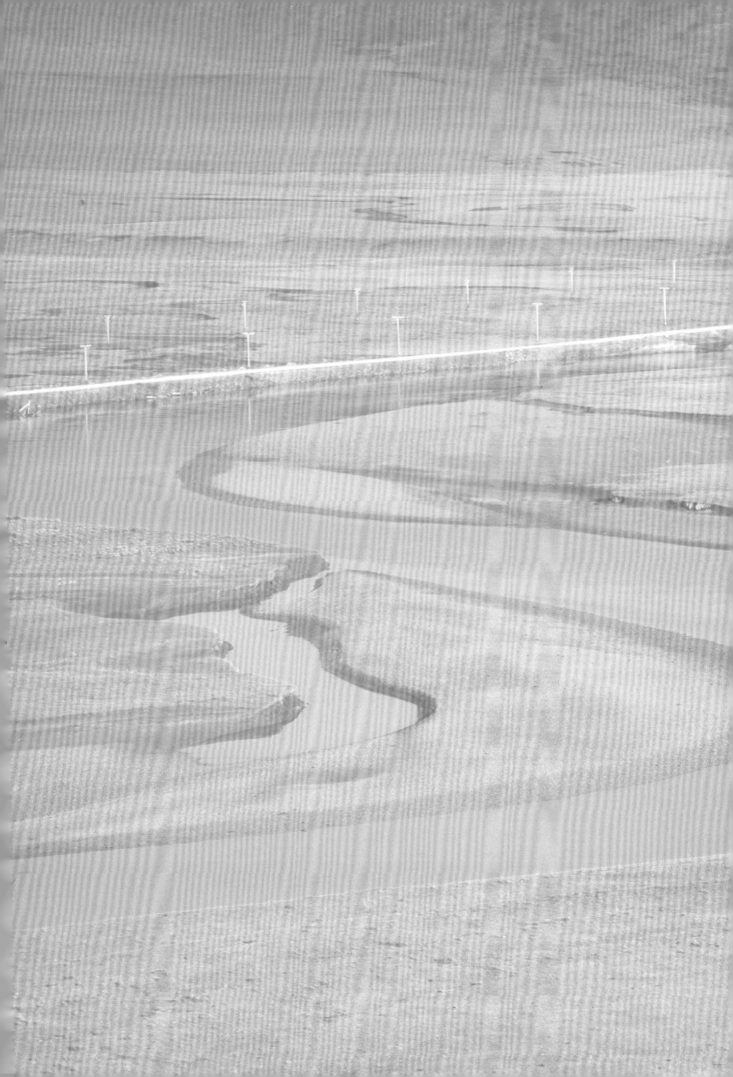